【文庫クセジュ】

100語でわかる遺伝学

ドミニク・ストッパ=リョネ/スタニスラス・リョネ著
田中智弘訳

Que sais-je?

白水社

Dominique Stoppa-Lyonnet, Stanislas Lyonnet, *Les 100 mots de la génétique*
(Collection QUE SAIS-JE ? N° 4054)

私たちの師、
ジャン・フレザルと
ジョズエ・ファインゴールドを
追悼して

目次

凡例

◎矢印（▼）を付してある用語は、指示番号の見出しを参照のこと。

◎本文内における〔　〕は、翻訳者における補足である。

◎読みやすさ、理解のしやすさを考慮し、原文にはない改行を適宜加えた。

第一章　似た者同士でも、各自は全く異なる

1　DNA

遺伝子の化学的な性質は、長年にわたって謎に包まれていた。一九四〇年、ニューヨークにおいてオズワルド・アベリーは、単純な構造に見えようともDNAこそが遺伝子の実体だと断言した。そして一九五三年、新たな事実が明らかになった。二三歳のジェームズ・ワトソンと三五歳のフランシス・クリックは、不当にもその後長らく評価されていなかったロザリンド・フランクリンの決定的な業績に基づき、「この非常に美しい構造こそがDNAの正体だ」と述べ、DNAが二重らせん構造であることを突き止めたのである。

このようにして四つのヌクレオチド（A：アデニン、G：グアニン、T：チミン、C：シトシン）の性質ではなく、それらの連鎖の無数の組み合わせこそがDNAを構成し、遺伝情報であると同時に、遺伝を伝達する能力を生み出す構造だとわかったのである。ちなみに当時、この論文の著者たちは「そこまでは理解していなかった」。

一つの巨大な分子であるＤＮＡ（デオキシリボ核酸）という重合体は、すべての細胞、そして多くのウィルスにも存在する遺伝情報装置であり、その装置全体がゲノムである。

ゲノムには二つの使命がある。

一つめは、細胞の生存に不可欠な〔種々の部品をつくるための〕遺伝情報を提示することだ。

二つめは、そうした情報を有糸分裂の際には娘細胞に、また減数分裂の際には子孫に伝達することだ。ＤＮＡは遺伝の媒介役でもあるのだ。

これらの役割を果たすために、ＤＮＡには基本的な特徴がいくつかある。ＤＮＡは逆平行の二本の鎖からなり、それらは二重らせん状に巻きついている。二本ともヌクレオチド（あるいは塩基）がつながったものであり、それら二本の鎖の一本にあるヌクレオチドが規則正しく並んだものが塩基配列だ。

そしてヌクレオチドのうち、アデニン（Ａ）とチミン（Ｔ）、シトシン（Ｃ）とグアニン（Ｇ）が対になって結合することにより、ＤＮＡの二重らせん構造が組み上がっていく。ＤＮＡは、二重らせん構造だからこそ、それら二本の鎖が線ファスナーのように開き、分離することで、その分離した部位において転写が可能になるのだ。

そして、二本のＤＮＡのうちの片方の情報は、一本鎖ＲＮＡと呼ばれるもう一方の生物学的な分子に正確に複写される。

つまり、二重らせん構造であるのは、このような正確な複写を可能にするためなのだ。このプロセスによって、DNAは自身のもつ遺伝情報を有効に機能させ（転写）、遺伝情報を伝達するための複写を行うことができるのである（複製）。

2 ゲノム

ゲノムとは、生物種の遺伝情報装置全体を意味する。ゲノムはDNAから構成されているが、例外として、RNAからなるウィルスも存在する〔例：HIVウィルス〕。

ヒトのゲノムは二倍体である。すなわち、似たようなゲノムが一対あるのだ（それぞれは一倍体、またはハプロイドという）。これらは父親側から、そして母親側から受け取ったものであり、四六個の染色体に分かれている。ゲノムを分析するには、次に掲げる大きく異なるアプローチがある。

一つめは、分子遺伝学によるアプローチだ。これはおもに、ゲノム断片の配列、すなわち、A、T、C、Gからなるゲノムの塩基配列（シークエンス）を突き止める作業だ。

もう一つは、構造遺伝学によるアプローチだ。このアプローチでは、ゲノムをより大きな次元で捉える。たとえば、大きなゲノム断片を染色体マイクロアレイ解析（クロマチン構造を解析する手法）によって研究する「細胞遺伝学」である。

なお、ヒトのハプロイドゲノム（二三本の染色体）全体はおよそ三〇億塩基対からなるため、二倍体の細胞（私たちのほぼすべての体細胞）にはその二倍、つまり、およそ六〇億の塩基対が存在することになる。

二〇〇〇年代初頭に完了した「ヒトゲノム計画」により、ヒト集団ごとに共通する塩基配列、すなわち、参照配列データベース（レファレンス・シークエンス）が完成した。

このとき、次のことが明らかになった。ヒトゲノムの半分は、意味をなさない塩基配列で構成されているということだ。この領域では、しばしば同じ配列が何度も反復している。それは何百万年という歳月においてゲノムに堆積した、ウィルス配列の墓場のようなものである。

一方、ヒトゲノムのもう半分は特有の配列をなしている。この配列のほんの一部が、タンパク質の情報を暗号化する（コードする）遺伝子からなる、コーディング領域だ〔▼67参照〕。

ゲノム解析プロジェクトは、「ヒトゲノム計画」が完了した現在も進行中だ。そのおもな目的は、ヒトが進化する過程でコーディング領域と同等の選択圧にさらされた、非コード領域の機能を明らかにすることだ。非コード領域にも役割があることが徐々にわかってきたが、その詳細はまだ充分に解明されていない。

3 染色体

一九世紀半ばの生物学史上最大の発見は染色体だ。染色体は、顕微鏡で細胞核を観察した際に見つかった。染色体（chromosome）という名前は、一八八八年にヴィルヘルム・ヴァルデヤーがギリシア語で「色のついた（*chroma*）体（*soma*）」と呼んだことに由来する〔塩基性の色素により、実際に着色できる〕。

染色体は、子孫へと受け継がれる遺伝物質（DNA分子）とこれらに付随するタンパク質からなる。それらのDNA分子およびタンパク質の複合体全体は、クロマチンと呼ばれる。

ヒトの二倍体の細胞には、二三対からなる四六本の染色体がある。しかし、配偶子〔ヒトの場合、精子と卵子がこれにあたる〕あるいは生殖細胞は一倍体なので、これらの細胞の染色体の数は半分、すなわち二三本しかない。

二二対の染色体は男女間で同形であり、これらは常染色体と呼ばれる。常染色体は父親と母親から等しく受け継がれる。つまり、生殖が担う常染色体の遺伝の役割は、父親と母親で半々なのだ。

ところが、二三本めの染色体は二種類の性染色体の組み合わせからなり、この組み合わせは男女によって異なる。男性の性染色体はXとYの一本ずつからなり、精子にはXかYのどちらか一本が渡される。他方、女性の性染色体は二つともXであるため、卵子に渡される染色体は必ずXである。

したがって、子供の性別を決めるのは、ヒトの場合では父親の精子である。だが、他の動物ではこのシステムが異なる場合もある。たとえば鳥類などでは性染色体が二種類あり、子の性を決めるのは雌の卵子である〔いわゆるZ染色体〕。

4　遺伝子座（座位）と遺伝子地図

染色体と遺伝子の位置関係は、一九一〇年から一九一六年にかけてトーマス・ハント・モーガン〔アメリカの遺伝学者。一九三三年にノーベル生理学・医学賞を受賞〕が明らかにした。

彼が研究に用いたのはショウジョウバエ「*Drosophila melanogaster*」だ。このハエは〔自然界では〕熟した果物の上で繁殖する。この昆虫が実験材料に選ばれたのは、繁殖能力が高く、繁殖のサイクルが短く、ゲノムがきわめて単純だからだ（たった四対の染色体しか存在しない）。

顕微鏡を使ってショウジョウバエの幼虫の唾液腺を観察すると、これらの染色体は簡単に見つかる（巨大染色体）。

一九二〇年、この唾液腺染色体を用いた研究によって、遺伝の染色体説〔遺伝子が染色体上にあるとする学説〕が唱えられた。遺伝子は染色体の「上」にただ存在するだけではない。この理論を応用すれば、染色体における相対的な位置関係がわかり、遺伝子が次世代にどのように伝わるのかを明らかにすることができるのだ（染色体の「乗換え現象」を参照〔▼19〕）。

モーガンは二つの遺伝子座が同一染色体上で近接していた場合と、異なる染色体上に存在する場合（あるいは同一染色体上であっても、かなり離れた位置に存在する場合）では、子への二つの遺伝子座の伝わり方に違いがあることに気づいた。すなわち、前者の場合では、二つの遺伝子座の両方が子に伝わる確率は高いのに対し、後者の場合では、二つの遺伝子座の両方が子に伝わる確率は五〇％でしかない。前者のように二つの遺伝子座が高い確率で子に同時に伝わる場合、遺伝子座は連鎖しているというわけだ。

モーガンの研究の特筆すべき点は、ヒトゲノムの配列はもちろん、ＤＮＡや染色体自体の構造に関する知識が得られるはるか以前に、染色体と遺伝子の位置関係を明らかにしたことだ。

モーガンの研究が発表されると、すぐに遺伝子地図の作成が始まった。遺伝子地図上において、その生物の特徴（表現型）をコードする遺伝子の位置を特定する作業がスタートしたのである。遺伝子座（座位）と呼ばれるこの位置は、今日ではＧＰＳ〔全地球測位システム〕と同じ手法によって、きわめて正確にＤＮＡ配列（物理的な地図）と照らし合わせることができる。

ゲノム上の注目すべきこれらの領域にはたいてい遺伝子があるので、通常、遺伝子座といえば、遺伝子の位置を意味する〔日本語の場合、遺伝マーカーなど遺伝子に該当しない配列の位置はとくに座位と呼ばれる〕。あるいは、ゲノム上のあらゆる場所は、さまざまな大きさのＤＮＡ断片に対応する遺伝子座として考えることもできる。

染色体地図とも呼ばれる遺伝子地図は、それぞれの染色体上に存在する、遺伝子座の相対的な位置関係を表したものにすぎない。だが現在では、一個分のヌクレオチドの狂いもないほど正確にＤＮＡ配列との対応関係が明らかになっている。

5　多様性

遺伝学者の研究により、ヒトゲノムには驚くほどの多様性があることがわかってきた。ヒトゲノムが多様なのは、ヒトゲノムが数万年間に想像を絶する進化を遂げたからだ。その劇的な進化の原因は、ホモサピエンスの人口爆発がホモサピエンス登場以前に存在した他の生物種と比較にならないほど急速だったからだろう。

ヒト同士のゲノムの違いは〇・一％にすぎないが、その〇・一％には大きな多様性が宿っている（これについては後ほど述べる）。したがって、ヒト集団は「似た者同士でも、各自は全く異なる」という、奇妙な状態にある。

たとえば、ヒトのDNAのコード領域（エクソーム）である。ヒトのゲノムの一・六％を占めるにすぎないエクソームは、最も保存された領域〔多様性が少なく、祖先の代からDNA配列がほとんど変わっていない領域〕であるため、この領域において遺伝子がタンパク質をどのようにコードしているのかが解読できる。

先ほど述べたように、ヒト集団の平均的なDNA配列とゲノムを表す参照配列データベース（レファレンス・シークエンス）はすでに存在する。しかし、この参照配列データベースを実際に個人の配列と比較すると、（参照配列データベースが比較対象として適切でないという側面もあるが）およそ二万ヵ所もの違いがある。すなわち、二万個の変異が存在するのだ。それらのうち一万個の変異については、後ほど述べる「遺伝的多型」としてすでにリストアップされている。

もっとも、残りの数千個の変異の多くは、健康に軽微な影響しかおよぼさないと考えられている。だが、そのうち数百個の変異については、生物学的な影響をおよぼす可能性が充分にある。

6　多様体

全体的にみると、ヒトのゲノム構造に個人差はないが（六〇億個の塩基対が二三対の染色体に分かれて存在している）、いわゆる「参照ゲノム〔ヒト集団から抽出して平均化されたＤＮＡ配列データベース〕」と比較すると、個人のＤＮＡ配列には多くの変異が含まれている。

参照するＤＮＡ配列と異なるのが多様体〔バリアント、英語で *variant*、遺伝的変異の総体〕である。この多様体という用語は、変異が人体におよぼす影響や変異が起こる確率を意味するのではない。

ゲノムの多様体の多くは、ＡあるいはＧ、ＣあるいはＴなどのようにヌクレオチドが置き換わることによって起きる、点突然変異〔一塩基が変異すること〕である。これが一塩基多型（ＳＮＰ：Single Nucleotide Polymorphism。スニップと発音する）だ。こうした置き換え（ＡあるいはＧ、ＣあるいはＴなど）は、ヒトなど、二つのアレルをもつ構造の生物にしか発生しない。また、置き換えが発生する頻度は、ヒト集団によって異なることがある。

ヒトゲノムは多様体に満ちあふれている。したがって、われわれのＤＮＡは二つの相矛盾する様相を呈する。すなわち、ヒトの何十億個というヌクレオチドは、無作為に選ばれたヒト同士であっても九九・九％同型であるのに対し、残りの〇・一％の違いにはきわめて大きな多様性がある（三二〇万種類のＳＮＰ）ということだ。

ＤＮＡ〔配列〕のコピー数についても同様に多様性が存在する。たとえば、短い反復配列（マイクロサテライト）のなかには、しばしば非常に多くの対立遺伝子が存在する。そしてこのような反復配列中の多様性は、病気の診断や〔個人の特定を目的とする〕司法鑑定に用いられている〔マイクロサテライトには個人特有の配列があるため〕。

多様体にはマイクロサテライト以外にも、五〇万塩基よりも長いゲノム領域のコピー数が個人間で異なる、コピー数多型（CNV：Copy Number Variation）がある。他人同士ならコピー数多型の違いはゲノムのほぼ一〇％を占める。

このようなゲノム内の相違は、巷で「遺伝子プログラム」と呼ばれる機構によって以下のような影響をもたらすと考えられている。すなわち、共通する変異や塩基の置き換えなどを見比べることで、遺伝子の発現〔遺伝子がタンパク質に翻訳されること〕の多様性、ひいては表現型〔ヒト遺伝子の作用による外見上の、あるいは測定可能な特徴〕の多様性がわかるという了解である。ただし、これは専門家たちの漠然とした共通認識に基づいて練られたものにすぎない。

一塩基多型（SNP）やコピー数多型（CNV）は、正常なものであれ、病気の原因になる異常なものであれ、多様性の宝庫なのだ。

7　多型

ある生物の集団内で、遺伝子を構成するDNA配列に個体差があり、これらにより集団内での形態や表現型が複数存在する場合がある。このような状態が多型である。

ヒト集団が遺伝的平衡〔集団内の対立遺伝子の頻度が一定になった状態〕にある場合、多型はメンデルの法則に従う。すなわち、多型の存在する遺伝子では、表現型は少なくとも二種類の遺伝子型に対応して現れる。なお、多型と呼ばれるのは対立遺伝子の頻度が一％以上の場合であり、それ未満の場合はレアバリアント（「稀な多型」の意）という。ようするに、遺伝子変異の頻度が一％以上の場合は遺伝的多型、一％未満の場合はレアバリアントである。ただし、この頻度は生物集団によって異なる。

ヒトの多型は一九〇〇年に見つかった。それはラントシュタイナーによるＡＢＯ血液型の発見だった。

現在は、ＨＬＡシステムの多型を解析する時代である。人体に移植された組織が拒絶反応を示すか定着するかを示すＨＬＡシステムの多型は、ジャン・ドーセ〔一九一六年～二〇〇九年。フランスの免疫学者〕が発見した。〔一九八〇年に〕ノーベル生理学・医学賞を受賞したジャン・ドーセは、〔一九八四年に〕パリにヒト多型研究センター（ＣＥＰＨ）という、当時としては非常に先駆的な研究所を設立した。この施設での研究によって、さまざまな種類の遺伝子多型が明らかになり、多型のデータベースがつくられた。

単一遺伝子疾患〔ある一つの遺伝子の異常により発症する病気〕の遺伝的連鎖の研究や、多因子性疾患〔心臓病や糖尿病など、複数の遺伝子異常だけでなく生活習慣や環境因子によって発症する病気〕の関連解析にとって、これらの多型のデータベースは大いに役立った。

ところが、一九八〇年代になって分子遺伝学が登場すると、解析手法がきわめて単純な多型が次々と明らかになり、医師や研究者は分子遺伝学を利用するようになった。これがＤＮＡ塩基配列の多型である。

8 遺伝子多型

ヌクレオチド配列の多様体のうち、出現頻度の高いものが遺伝子多型である〔最も頻度の低い対立遺伝子でも一%以上〕。

これらの遺伝子マーカーの一つとして、ゲノム配列上の同じ位置のヌクレオチドが変異する一塩基多型（SNP）がある〔たとえば、AがGに変異するSNPでは、AA、AG、GGの三通りの組み合わせの遺伝子多型が存在する〕。

また、マイクロサテライトと呼ばれる、DNAの短い繰り返し配列〔例：AとCの二塩基の繰り返しであるACACACACACACACACAなど〕も存在する。

対立遺伝子を分析すると、遺伝子多型の生じる領域（*locus*）がわかる。現在、その領域は正確にマッピングできる。また、この領域における一対のアレルを比較して異なる部分を正確に区別すればするほど、遺伝子地図の情報量は増える。たとえば、遺伝子多型がヘテロ接合体〔「AT」の組み合わせ〕の場合には、AとTのそれぞれが検出できる。これは共優性マーカーと呼ばれ、遺伝子マッピングにおける情報量は比較的多くなる。

一方、AAやTTなど、同じ遺伝子マーカーのホモ接合体の場合、その座位における情報量は少ない〔アレル同士の違いを検出することができるヘテロ接合体の割合が高いほど、遺伝子多型のバリエーションが増えるため、情報量は多くなる〕。

先述のように一対のアレルが存在する場合、AがTに変異する確率は五〇%であっても、このシステムにおけるヘテロ接合体（ＡＴ）は五〇％のヒトでしか起こらないため、情報量はそれほど多くはならない。

一方、複数の対立遺伝子が存在する遺伝子多型は、その性質上、情報量ははるかに多いため、きわめて貴重である。たとえば、四つの遺伝子マーカーが等しい確率で出現するシステムでは、ヘテロ接合体が生み出される確率は七五％になる〔遺伝子型は合計４×４＝16通り存在し、それらのうちでヘテロ接合体になるのは４×３＝12通り。よって、七五％の確率になる〕。しかし、このような例はきわめて稀だ。

ヒトのゲノム配列が体系的に研究され、ヒトのＤＮＡに共通する一連の多様体が明らかになった。ゲノム上に存在する数百万個もの多様体は、すべて正確に記録された。今日、科学者たちはこの膨大な量の遺伝子多型をマーカーとして利用して、ゲノム上のすべての遺伝子の位置情報を正確に把握できたと考えている。

9　遺伝子——古典的な定義

遺伝学を定義することはきわめて難しい。その定義は不確かであり、人によってさまざまである。その理由は単純だ。次に述べるように、逆説的だが遺伝子には少なくとも三つの整合性を持つ概念があり、これらの概念がそれぞれ異なる論理に基づいて成り立っているからだ。

一つめは当初の定義である。遺伝子の定義は、メンデルの遺伝の法則に従って生物の特徴を決定することだった。生化学的、生物学的な物質としての意味合いはまだなかったのである。ようするに、遺伝子は〔遺伝型に対応して生物に表れる〕表現型の要因という意味でしかなかったのだ。この定義は純粋に機能面からのものである。すなわち、遺伝子は生物の特徴をコードするゲノムの一部だという解釈だ。

今日、この定義だけでは遺伝子は語れない。なぜなら、一つの遺伝子によって複数の異なる特徴が現れることもあれば、逆に、複数の遺伝子の発現によって一つの複合的な特徴が現れることもあるからだ。

そのような機能面の定義に加え、遺伝子はメンデルの独立の法則でも知られる、相同組換え〔塩基配列の似ている二本のDNA鎖が交換される組換え現象〕の単位としても定義できる。これが二つめの定義だ。すなわち、遺伝子とは、減数分裂の過程で二つの配偶子へと分離した際に区分できないような、ヒトゲノムの最も基本的な単位〔最小単位〕という意味だ。この概念から登場したのが遺伝子地図だ。遺伝子は、表現型などの特徴を次世代に伝える際に〔減数分裂〕分離しない座位と定義できる。つまり、相同組換えの対象にならないゲノム領域も遺伝子と定義できるのだ。

さらに生物学の発展にともない、第三の定義が登場した。それは転写のための生化学的な単位である。転写とはRNAを生み出す過程であり、タンパク質をコードするもの〔メッセンジャーRNA〕もあれば、コードしないものもある。

その一方で、生物学的、構造的、機能的、遺伝学的な定義がどうであれ、ある遺伝子が知能、体重、母性、糖尿病、身長、瞳の色などを決定する「たった一つの」遺伝子であることはけっしてない。

ところが現在、多くの科学者やジャーナリストを通じて、恐ろしく単純化された遺伝子の機能についての短絡的なメッセージが世に出回っている。

たとえば、彼らが発見したと喧伝する「うつ病の遺伝子」の正体は、脳の神経伝達物質に関わる一つの遺伝子の多様体にすぎず、場合によっては双極性障害に関与するかもしれないというだけの知見である。また、大胆にも「幸福の遺伝子」と名付けられた遺伝子も同様だ。この遺伝子が、脳に発現するある遺伝子の機能を不活性化させる変異をもつと、他者に対する共感力が強まるというだけの話だ。

これらはすべて歪曲にすぎず、このような傾向を容認し続けると、遺伝学は科学としての信用を失い、単なるお遊びになってしまう。

10 遺伝子——分子としての定義

二〇〇三年以降、ヒトゲノムの配列の読み取りは終了し、その機能の解明が進んでいる。だが、遺伝子を分子的に定義することはきわめて難解だ。

それでも、次のように定義できる。DNAの一次配列（DNA領域の長さや位置の情報）としての構造的な側面や、それがRNAを生み出し（一つの遺伝子座から複数のRNAが転写される可能性）、さらにはRNAからポリペプチド鎖、つまり、タンパク質に翻訳されるという、機能的な側面からの定義である〔遺伝情報は、DNA、RNA、タンパク質の順に伝達されるという分子生物学の基本原理。セントラルドグマと呼ばれるこの原理は、一九五八年にフランシス・クリックが提唱した〕。

このように定義すると、構造的な側面と機能的な側面は一致するのかという、全体としての統一性に疑問が生じる。すなわち、ある遺伝子配列から生み出されるすべての産物には、少なくとも一つの共通した領域があるのだろうか。つまり、位置情報としての統一性はあるのかという疑問だ。

そこで、遺伝子の生物学上の定義は、さまざまな見解を織り込んだ複合的なものになる。「遺伝子とは、（しばしば重複することさえある）機能をコードするゲノム配列である」。このように定義すれば、ヒトゲノムにはタンパク質をコードする二万二〇〇〇個の遺伝子が存在し、これらの遺伝子からそれぞれ平均して四種類のメッセンジャーRNA（mRNA）が産生されることの説明がつく。遺伝子の機能やその制御は、それだけ多様だということだ。〔この定義によれば〕タンパク質をコードしない遺伝子もあるが、それらはさまざまな長さのノンコーディングRNAとして転写される。それらの遺伝子だけで二万個ほど存在する。

したがって、遺伝子の定義は、科学的だが哲学的なところもあるのだ。とくに、遺伝子制御や表現型に影響しないとみなされていたDNA領域の作用について疑問が生じると、これまで「遺伝子」と呼ばれていた定義は、あっけなく瓦解する。

11 RNA

進化生物学によると、RNAは生物界に登場した最初の有機分子だという。RNAはDNAの原型というわけだ。

すべての生物には、RNA（リボ核酸）という生物学的な分子が存在する。RNAの分子構造は、化学的にDNAと非常に近い（DNAを構成する四つのリボヌクレオチドの一つであるチミンがウラシルに置き換わっただけ）。

ところが、物理化学的な特性に関して、RNAはDNAと大きく異なる。たとえば、RNAの組成は、DNAのような二本鎖でなく一本鎖だ。また、RNAはすぐに分解されてしまうため（DNAのように安定して存在しない）、研究対象にするのが困難な分子である。しかし、DNAのほとんどの機能的な断片は転写、つまり、RNA分子への複写という形で表れるため、RNAには遺伝装置から生み出されるすべての情報が凝縮している。

RNAはDNAからタンパク質へと遺伝情報が受け渡される過程の中間に位置する。とくに、RNAの制御機構は緻密かつ秩序立っている。この仕組みを明らかにした功績から、フランソワ・ジャコブ、ジャック・モノー、アンドレ・ルヴォフは、一九六五年にノーベル生理学・医学賞を受賞した。

細胞内には、さまざまな種類のRNAが存在する。それらのなかでもメッセンジャーRNAは特別な存在だ。タンパク質をコードする遺伝子から複写されるメッセンジャーRNAは、核から細胞質へと移動し、そこで加工される（RNAの成熟過程では、遺伝子のエクソン領域［▼67］に由来する配列だけが成熟RNAとして保持され、イントロン領域の配列は除去される）。成熟RNAはその後、タンパク質に翻訳される。

遺伝子の情報がタンパク質に翻訳されるまでには、このように段階的に変化する仕組みを経るため、遺伝情報はＲＮＡによって豊富なバリエーションをもつことになる。タンパク質をコードする一つの遺伝子に対して、平均して四つから五つの異なるＲＮＡが産出されうる。そのため、最終的な産物であるタンパク質には、そのサイズや特性に変化が生じる可能性がある。

ＲＮＡにはメッセンジャーＲＮＡ以外にも、最近になって発見されたノンコーディングＲＮＡ（非コードＲＮＡ）がある。遺伝子制御に関わるこのＲＮＡは、遺伝子の転写を亢進あるいはブロックすることによってゲノム発現を調節する。

今日、ノンコーディングＲＮＡはその長さによって分類されている（他に分類するよい方法がないため）。たとえば、マイクロＲＮＡは二〇〜四〇個のリボヌクレオチド鎖からなる非常に小さな分子であり、しばしば遺伝子発現の調節に関わる。一方、長鎖ノンコーディングＲＮＡはゲノム上の非常に広い領域の複写に関与するが、その全体像はまだ謎に包まれている。

12　遺伝暗号

ロゼッタ・ストーンによって古代エジプトの謎の文書が解読されたように、遺伝暗号の解読により、タンパク質の翻訳を担うようなヒトゲノムについての理解は深まった。しかし、このゲノム領域はＤＮＡ全体の一・六パーセントにすぎない。つい忘れられがちなのが、遺伝暗号だけでは、私たちのＤＮＡのほんの一部、すなわち、タンパク質をコードする遺伝子から構成されるゲノム領域しか説明できないことだ。

遺伝暗号を利用すれば、三つのヌクレオチドが一組になっているコード領域のゲノム情報を解読できる。この三つ一組のヌクレオチドがコドンであり、コドンはタンパク質を構成する一つのアミノ酸に対応する。このコード領域がRNAに複写〔転写〕されるときに、その暗号が何を意味するのか（どのようなタンパク質になるのか）が明らかになる。

遺伝暗号は「縮重している」と言われる。その理由は次の通りだ。

コドンの組み合わせは、理論的には六四通りだ〔四の三乗〕。ところが実際には、ヒトのタンパク質を構成するアミノ酸は二〇種類しかなく、これらのアミノ酸に対して六一種類のコドンが存在する。というのは、複数のコドンが同一のアミノ酸に翻訳されるからだ。残りの三つのコドン〔六四個のコドンからアミノ酸を生み出す六一個のコドンを引く〕は、翻訳を中止する合図を出すことからストップ・コドンと呼ばれている。

ハエやゾウ、そしてヒトに至るまで、この遺伝暗号の仕組みは普遍的である。

メッセンジャーRNAのコドンとタンパク質のアミノ酸との対応関係は、しばしば二次元の表として描かれる〔いわゆる「コドン表」〕。ほとんどの遺伝工学では、これを応用してDNA〔あるいはRNA〕の配列から目的のタンパク質を合成する。それゆえ、DNA、RNA、タンパク質を結びつける遺伝暗号は、工業的な合成や創薬にとっても欠かせないツールなのである。

13 非コード領域（ゲノム）

遺伝子の定義に手間取ったように、非遺伝子領域のDNAにも同様の困難が生じるように思えるが、ノンコーディングDNAは、シンプルかつ的確に定義できる。ゲノム断片のなかでタンパク質の産生に使われる配列、つまり、エクソン（タンパク質をコードする遺伝子の断片）をもたないゲノム部分がノンコーディングDNAである。したがって、ノンコーディングDNA、すなわち、非コード領域はヒトゲノム全体の九八％以上を占める。

ヒトのノンコーディングDNAに対する見解は、進化遺伝学上の二つの事実によって大きく変化した。一つめは、進化の観点からかなり以前に分岐した生物種間であっても、ノンコーディングDNAの八％は共通するとわかったことだ。これは選択圧が働いてもノンコーディングDNAは保存されたことを示す。この領域の機能的な役割が見過ごされている可能性があるのだ。

二つめは、ヒトゲノムが長大であることだ。進化の過程でゲノムが長くなる現象は哺乳類が登場する以前からあった。これは進化において最も重要な事実だ。たとえば、単細胞生物と哺乳類を比較すると、コード領域の長さはほとんど増大していないが、生物として複雑になればなるほど、そして生物を構成する細胞の種類が多くなればなるほど（ヒトでは一二〇種以上）、非コード領域の配列は蓄積され、長くなるのだ。

したがって、保存されている「ノンコーディングDNAの八％を占める」部分だけでなく、遺伝子「内」に存在する多くのノンコーディングDNA断片（遺伝子のイントロン領域内［▼11］）や、遺伝子同士の

「間」のＤＮＡ断片は、遺伝子の制御に重要な役割を担っているのだ。遺伝子の発現は、非コード領域によって適宜調整され、操作されているのである。このような遺伝子制御は、個体の発生過程や、代謝、栄養、物理化学など、さまざまな生理的な条件下であっても起こる。

よって、ヒトなどの高等生物の生命現象が複雑なのは、おもにこの非コード配列に原因があると考えられる。

14 百科事典のようなＤＮＡ――国際プロジェクト「ＥＮＣＯＤＥ」

先ほど述べたように、ＤＮＡ配列はタンパク質をコードする配列だけでなく、非コード領域にも司令を発する。

国際プロジェクト「ＥＮＣＯＤＥ」により、ＤＮＡ配列にはさらに多くの機能があることが明らかになった。ヒトゲノムの三七％（ヒトゲノムの半分に相当する非反復配列の八〇％）の領域には機能があることが解明されたのだ。これは、タンパク質をコードする領域［▼67］や、ＤＮＡ配列に保存されている進化の痕跡部分の割合を上回る数値だ。

ＤＮＡの機能には二つの特性がある。一つめは転写、すなわちＲＮＡの産生だ。ＲＮＡのコード領域は全体の一・六％にすぎないが、ゲノムの大部分に関係する。

二つめは、「クロマチンリモデリング」と呼ばれるもので、クロマチンが形成する立体構造の変化を介して遺伝子の発現を調節する機構だ［▼15］。

したがって、ヒトゲノムの機能には、DNAの一次構造〔立体的な分子としてではなく、塩基配列のみを考慮した場合の構造〕としての観点を超えて、本書でこれまで述べてきた三つの側面がある。
(1) 生物進化の過程で出現したさまざまな生物種間において保存されてきた化合物の側面。
(2) RNAの産出という転写の側面。
(3) クロマチン立体構造としての側面。この構造により、細胞の種類や個体発生のタイミングに応じて、どの領域で転写が活発なのかを判別できる。DNAが利用される領域ではクロマチンは開き、遺伝子は転写されて翻訳される。一方、利用されていないクロマチンは閉じ、遺伝子は転写されない。

このような経緯から、医学の分野で活躍する遺伝学者は、ヒトDNAのエクソーム間に点在する非コード領域にも関心をもち始めた。彼らはゲノム全体の解析を試みている。すでに、多くの症候群や病気の原因はノンコーディングDNAの変化であることがわかっている。さらには、個体発生やがんでは、ノンコーディングDNAが遺伝子制御に大きな影響をおよぼしていることが明らかになりつつある。

15 クロマチン

クロマチンは、DNAおよびそれを保護するタンパク質の複合体から構成されている。その主要なタンパク質がヒストンだ〔真核生物では、ヒストンは全長二メートルにもおよぶDNA分子を折り畳んで核内に収納する役割をもつ〕。

ヒストンの発現や制御機構は繊細であり、そこにはメチル化やアセチル化などの生化学的な修飾に関わる領域が数多く存在する。

このようなヒストンタンパク質の修飾は可逆的で、タンパク質に翻訳した後に生じるため、クロマチンがゲノム断片やそこに含まれる遺伝子を活性化あるいは不活性化させていることを示す目印として機能している〔一般的に、ヒストンのアセチル化は遺伝子発現を促進させ、反対に、ヒストンが脱アセチル化される場合では、遺伝子発現は抑制されると考えられている〕。

このように、クロマチンは多くの修飾を受け、遺伝子の発現に影響をおよぼす。これがエピジェネティクスと呼ばれる現象だ。

エピジェネティクス以外にも、クロマチンの目印は、転写因子のようなDNAを制御するタンパク質が結合できる領域として定義することもできる。転写因子は、遺伝子制御を受ける領域（転写を活性化できるDNA領域、すなわち、エンハンサー）に結合する。

さらには、クロマチンによる修飾により、体組織や器官の発生過程などにおいて秩序立った遺伝子制御に関わるゲノム領域も明らかになる。

このように、クロマチンやその修飾パターンを含めた全体像は複雑多様であり、細胞系譜〔一個の受精卵が分裂して成体になるまでの細胞の系図〕によっては、同一のゲノムであっても、正反対の作用をもつことさえある。

この研究分野は新しく、病気の治療に大きな可能性を秘めている。というのは、病気の原因になる変異をもつ遺伝子を正常なものに置き換えるよりは、遺伝子を制御するクロマチン領域を調整するほうが容易かもしれないからだ。しかしながら、後者のやり方によって実際に遺伝子の発現を変化させて病気を治療できるかは、まだ謎である……。

16 ミトコンドリアDNA

ヒトゲノムが存在するのは、細胞核の内部だけではない。ミトコンドリアも円環上の非常に小さなDNA分子〔環状DNA〕をもつ。筋肉、脳、心臓など、代謝の活発な臓器の細胞には、数十個から数千個のミトコンドリアが存在する。

事実、ミトコンドリアDNAの大部分を占めるのは、細胞のエネルギーを産生する呼吸鎖（ミトコンドリアの膜内に位置する）の構成因子をコードする遺伝子だ。ミトコンドリアはまさに遺伝子に基づいて自律的に稼働する、小さな工場なのだ。

ミトコンドリアDNAは、細胞核やそこに含まれる染色体以外の場所に存在する。そして、細胞核から独立したこのDNAは、あらゆるバクテリアに存在する。ミトコンドリアDNAという特異な存在は、真核生物の細胞がなぜ突然ATP（ヒトの細胞に共通する「エネルギー通貨」）の合成を始めるようになったのかを説明する進化仮説とも符合する〔細胞内共生説のこと。ミトコンドリアや植物細胞における葉緑体は、細胞内に共生したバクテリアなどの細胞に由来するという仮説。一九六七年にマーギュリスが提唱した」。

ミトコンドリアＤＮＡ分子は、その起源だけでなく性質も特異である。

第一にその遺伝様式である。ミトコンドリアＤＮＡは母親のみから受け継がれる。

一方、精子は、膨大なエネルギー代謝を必要とするためにミトコンドリアを大量にもつが、卵との受精の際に精子のミトコンドリアは消去されるため、父親由来のミトコンドリアが子供に受け継がれることはない。

メンデルの法則に従わないこの遺伝様式はきわめて特異だ。これが「母性遺伝」である（母系の遺伝子を遡れば、人類共通の大祖母イヴに辿り着くのだろうか〔ミトコンドリアＤＮＡの配列の変化を比較することで、人類の起源や進化の過程を辿る研究がさかんに行われている〕）。

次に、ミトコンドリアＤＮＡのもたらす影響である。ミトコンドリアＤＮＡの変異に起因するミトコンドリア病の特徴は、その表現型あるいは症状が多様であることだ。難聴、糖尿病、心疾患、さまざまな脳症や、眼筋麻痺あるいは視神経萎縮など、さまざまな器官に病気を引き起こす。なぜなら、体細胞分裂の際に、変異ＤＮＡあるいは正常ＤＮＡをもつミトコンドリアが体内に不均一に分布するからだ。そのため、時間の経過とともにランダムな場所で病気が引き起こされるのだ。

このように一つの細胞内に変異ミトコンドリアＤＮＡと正常ミトコンドリアＤＮＡが共存する状態をヘテロプラスミーという［ヘテロプラスミーの度合いは、器官ごと、個々の細胞ごとに異なる。変異ミトコンドリアＤＮＡの比率の高い器官には、症状が生じやすくなる］。

第二章　遺伝と病気

17　遺伝病

一般的に思われているのとは反対に、遺伝病の多くはけっして稀でなく、病気や死亡の主因である。新生児の二〜三%には遺伝子の異常や先天性奇形が認められ、それらが原因でさまざまな障害が生じる恐れがある。そして、大半の遺伝病の症状は慢性的であるため、社会保障費の負担は重く、患者やその家族、さらには社会全体に深刻な影響をおよぼす。

遺伝病は大まかに三つに分けることができる。染色体異常、単一遺伝子疾患、そして多因子遺伝病である。

新生児のおよそ一%には、出生の段階で染色体に何らかの異常がみられる。たとえば、染色体の部分的な異常（21番染色体のトリソミーは最も頻度が高い〔ダウン症候群のこと。通常、染色体は二本で対をなしているが、三本存在する状態をトリソミーという。その原因のほとんどは、生殖細胞の減数分裂時に21番染色体の分離が不完全なために起きる〕）や、染色体の構造の異常である。

単一遺伝子の変異が原因で発症する病気〔単一遺伝子疾患〕はメンデルの法則に従って遺伝するため、〔染色体異常とは異なり〕染色体の検査ではわからない。この病気は社会保障費に重くのしかかる。遺伝子疾患はこれまでに八〇〇〇種類以上が確認されており、オンライン・データベースの構築が必要だ。

それらの病気の遺伝様式には、顕性遺伝、潜性遺伝、伴性遺伝などがある。

単一遺伝子疾患のなかには頻繁にみられる病気もある。たとえば、家族性高コレステロール血症の罹患率は五〇〇人に一人である。また、嚢胞性線維症はヨーロッパ西部で、異常ヘモグロビン症は地中海沿岸諸国でよく見られる。だが、最も罹患率が高いのは、アフリカ系黒人が罹る鎌状赤血球貧血である。

遺伝病として最も一般的なのは、糖尿病、高血圧症、統合失調症、先天性奇形〔口唇裂、口蓋裂、心疾患など〕などの多因子疾患だ。しかし、その原因遺伝子の組み合わせについては、ほとんど解明されていない。

18 細胞の分裂と周期、有糸分裂

それぞれの娘細胞が同じ遺伝情報〔すなわち、四六本の染色体〕を受け取ることができるようになる細胞分裂の過程が体細胞の有糸分裂だ。

有糸分裂の過程では、巨大なＤＮＡのコピーがつくられる〔複製〕。このとき、ＤＮＡ分子の二本鎖はそれぞれ一本鎖に分離し、ＤＮＡポリメラーゼ〔ＤＮＡに結合する酵素〕がほどけたＤＮＡ一本鎖に結合し、ヌクレオチドを一つずつ読み取ってコピーできるようになる〔相補的な塩基配列の合成〕。細胞分裂の完了間近の段階にＤＮＡは複製され、染色分体ができる。したがって、染色分体は、ＤＮＡの二倍体を二つ含むことになる〔このように同じ遺伝情報をもつ二本の染色分体のことを姉妹染色分体という。複製完了後、分裂期に入るまで、対になった姉妹染色分体は繋がっており、光学顕微鏡で観察するとX字型に見える。その後、互いの接着が解除され、姉妹染色分体は分離して、それぞれの染色分体が娘細胞へと分配される〕。

細胞の一生のなかで、分裂期にだけ出現する非常にコンパクトなＤＮＡにすぎない染色体は、円状に整列した後に移動する〔分裂の中期に起こる現象。染色体が細胞の中央付近に整列し、中期プレートと呼ばれる構造体を形成した後、後期へ移行すると姉妹染色分体の分離が始まる。すべての染色体が中期プレート上に整列して初めて後期への移行が可能となる。このメカニズムは、染色体が娘細胞へ均等に分配できているかを監視するシステムの一つとして機能する〕。

当然ながら、分裂後の娘細胞に含まれる遺伝子の質にとって、正確にコピーすることはきわめて重要だ。三〇億個のヌクレオチドの二倍の量からなるゲノムを正確にコピーすることが膨大な作業であることは、容易に想像がつくだろう。そこで、起こりうるＤＮＡの複製ミスを訂正し、調整するシステムが起動するのである。

細胞周期は細胞の一生のなかで繰り返される、一連の段階から構成される。

まず、成長期である。この段階では、細胞は成長し、その細胞が構成する体組織のなかで与えられた任務を遂行する。

次に、間期である。この段階では、細胞がそのＤＮＡ物質を複製する。その後の分裂期では、一つの細胞から二つの娘細胞が生み出され、間期に複製されたＤＮＡが均等に分配される（有糸分裂の場合）。

細胞の辿るもう一つの運命は、プログラム細胞死（アポトーシス）やプログラムされない細胞死（ネクローシスなど）である。

一部のがんの発生初期段階や臓器の老化現象など、細胞にみられる多くの異常な変化は、複製のエラーや、細胞周期の異常と関係がある。

19　減数分裂と配偶子

配偶子とは、生殖細胞であり、雌性（卵）や雄性（精子）のことである。

配偶子の形成は減数分裂の根幹をなすプロセスである。減数分裂が生じる細胞では、ヒトの体を形づくる体細胞とはまったく異なる分裂が生じる。遺伝のメカニズムを完全に理解するには、減数分裂についての知識が不可欠だ。

減数分裂は、二つの現象（減数分裂の第一分裂と第二分裂）からなる。

減数第一分裂では、二本の染色分体からなる相同染色体が近接して結合し（「対合」といい、形成される計四本の染色分体からなる染色体は「二価染色体」と呼ばれる）、ゲノムの部分的な交換が行われる。このような相同染色体間で行われる交換は「乗換え（*crossing-over*）」と呼ばれる。この交換は染色体に沿って、あまり活性化していない場所や乗換えの起こりやすい場所（「組換えホットスポット」）において不規則に行われる〔乗換えは物理的な現象を指すのに対し、組換えは配偶子の持つ遺伝子の情報が両親から受け継いだ二本の染色体のいずれとも異なるという、遺伝学的な現象だ。すなわち、乗換えによって組換えが起こる、といえる〕。

減数第二分裂では、組換えが行われた二本の染色分体が分かれ、一倍体、すなわち、染色体を二三本しかもたない二つの娘細胞が形成される。このようにして行われる減数分裂は、有性生殖の礎である。減数分裂によって形成される一倍体の配偶子同士が接合〔すなわち、受精〕することで、四六本の染色体をもつ二倍体の最初の細胞〔受精卵〕が再構成される。

減数分裂の過程では、大がかりな遺伝子の混合が父母それぞれに由来する染色体間で行われる。そのため、接合によって生じた存在、すなわち、生まれてくる者全員が、それまでにない唯一無二の存在になる。

このような遺伝子の混合には二段階ある。まず、減数第一分裂で引き継がれるのは、親の染色体ではなく、祖父母などに由来する相同組換えによって混合された断片である。続く第二分裂では、組換えの行われた染色体がそれぞれの配偶子にランダムな組み合わせで分配されるため、配偶子に含まれる染色体の構成は個々人で異なる。

つまり、まったく同じ人間が誕生する確率は限りなく小さいのである。私たちの生殖は文字通り

「創造」なのだ。

20 遺伝と分離

遺伝とは、祖先からさまざまな特徴を受け継ぐことだ。ようするに、表現型が世代を経て伝達されることを表している。それゆえ、〔おもに遺伝病について〕正常あるいは病的な特徴が受け継がれるメカニズムを研究することが、遺伝学者の中心的な研究課題になっている。

単一遺伝子的な（単一の遺伝子座に存在する、単一の遺伝子によって決まる）形質を伝達する法則（メンデルの法則）と密接に関わっている遺伝の場合であっても「単純な」システムであるとは限らないが、多因子モデル仮説で提唱されているような複雑な形質の遺伝様式の解明は、現代の遺伝学において最も野心的な挑戦の一つであり、いまだに多くの謎に包まれている。

さらに、ヒトのゲノムにある遺伝子だけが遺伝を媒介しているのではない。

プリオン病のように、ある種のタンパク質が遺伝的な役割を果たすこともあるのだ〔プリオン病は、異常プリオンタンパク質が中枢神経系に蓄積することで神経が変性する疾患。正常型のプリオンタンパク質が何らかの理由で伝播性を有する異常型プリオンに変化すると考えられている〕。

したがって、遺伝を考える際には、まず、その形質が家族のなかで集中して観察されるかどうかを確認しなければならない。遺伝的な要素が存在するなら、家系内にその形質が濃縮されているはずだからだ（ただし、家族性の濃縮が見られるからといって、その病気が遺伝病だとは限らない。例：感染症）。

よって、病気、表現型、先天的な形質などの根源となる遺伝的な要素を突き止めるには、それらの形質が家族に現れる頻度を解析し、研究対象の特徴が親族の間でどのように分布しているのかを調査する必要がある。調査対象の形質の世代間分布（分布パターンの違い）、すなわち、どのように「分離」するのかに注目するのだ〔分離の法則はメンデルの法則の一つである。たとえば、Aと対立遺伝子aがある場合、体細胞ではAA、Aa、aaの三通りが存在する。AAとaaが掛け合わさると、次世代はAaになる。対立遺伝子は融合せずに別々の配偶子に分配されるため、Aa同士の交雑により、理論上、二五％の確率でaaが出現する。仮に、aaをもつと病気になる場合、中東など近親結婚の多い地域での家系内では［▼80］、世代を隔てながらも一定の確率で病気になる者が現れることになる。このようなパターンを辿りながら、その病気が遺伝病であるかどうかを見極める〕。

そして、その形質がメンデルの法則のどのような組み合わせに該当するのかを調査するのだ（たとえば、X染色体に連鎖した顕性遺伝、あるいは潜性遺伝か。または、ミトコンドリアに由来する母性遺伝か）。浸透度［▼26］が不完全な場合や、両親に由来する配偶子や受精後の第一分裂時に新たな遺伝子変異が生ずる場合などでは、メンデルの法則に従う遺伝が見つかりにくい。

したがって、遺伝的な頻度、浸透度、ヒト集団全体での病気の罹患率などのパラメーターに基づいて仮説を立て、遺伝の可能性を検証しなければならない。つまり、遺伝病の原因となる遺伝子の位置を特定するために行われる遺伝的連鎖［▼34］の研究を始める際は、最初に分離の法則が成り立つかを調査する必要があるのだ。

21 メンデルの法則

メンデルの法則はあまりにも有名であり、いまさら復習することもないと思われがちだ。そうは言っても、しばしば誤解や誤用がある。メンデルの分離の法則は重要であり、この法則は生物学的に深い意義をもつ。

第一の法則〔顕性の法則〕は、雑種の第一代の均一性に関する法則だ〔遺伝型が均一な、複数の純系を交配させ雑種を得ることによって、法則性が見出された経緯がある〕。この法則は、顕性と潜性の形質の定義や、対立遺伝子〔▼22〕の概念の基本原理であり、また（母方、父方が等しく寄与するという）二倍体のゲノムに当てはまるため、ヒト集団や人類の進化の歴史を生物学および生理病理学な観点から研究する際の基盤になっている。

第二の法則は「対立遺伝子の分離」に関する法則だ。この法則は、後に発見される減数分裂という現象を予見したものである。減数分裂では、相同染色体の分離によって半数になった染色体が配偶子を構成する。そして受精（受胎）時には、完全な二倍体ゲノムが再構成される。これが「減数分裂での分離」という概念であり、相同的な対立遺伝子の分離である。この法則に従うと、子孫に見られる表現型の比率は、潜性の形質や対立遺伝子の場合では、二五％になると予測できる。

次に、独立の法則である。この法則は、注目する形質（つまり、対立遺伝子）が染色体地図上において隣接しているか離れているかに応じて、遺伝子の連鎖があるかどうかを解明する際の、すべての理論基盤になっている。

この法則によると、独立した対立遺伝子（異なる染色体に位置している、あるいは同一染色体上の離れた場所に存在する）によってコードされた形質は独立して分離することになる。

このような「単純化された」見方は、逆に、独立せずにある一定の比率で分離する形質は同じ染色体上で隣接しているはずだという考えに基づく従来型の研究の基礎になっている。このような染色体上に並ぶ連鎖関係にある遺伝子同士の相対的な位置関係の解明によって、何百個ものヒトの疾患遺伝子の位置が特定されてきた。

いずれにせよ、ヨハン・メンデル（後のグレゴール修道士）がブルノの聖トマス修道院において統計を密かに「小細工」までしたのは、自身の発見に充分な根拠があると確信したからだろう（一九三六年に生物統計学者のフィッシャーが指摘して以来、メンデルが確証バイアスによってデータを恣意的に選別し、理論値に近づけたのではないかという批判が根強く存在する。しかし、近年の再調査には、このようなねつ造疑惑に否定的な見解もある）。

メンデルの法則が発表された三五年後の一九〇〇年、メンデルの法則は、アムステルダム、チュービンゲン、ウィーンの三人の植物学者によって再発見された。それ以降、メンデルの法則が否定されたことはない。

22 対立遺伝子

遺伝子やDNA断片のさまざまな形が対立遺伝子（英：*allele*、より伝統的な用語「*allelomorph*」の短縮形）である。対立遺伝子は、少なくとも二つの配列の変異によって区別できる。ようするに、同じ遺伝子領域のコピーでも微妙に異なるが、かろうじて識別可能なものが対立遺伝子なのだ。

常染色体座、すなわち常染色体（男性と女性が共有する二二組のうちのいずれか）上の遺伝子座には、二つの対立遺伝子が存在する。それら二つの対立遺伝子は、同じ対の相同染色体上に位置する。したがって、二つの対立遺伝子（たとえば、AとT）をもつSNP型の多型の場合、AA、AT、TTの配列パターンをもつ人物が存在する。同じ遺伝子座での二つの対立遺伝子のこうした組み合わせが、その位置におけるこの人物の遺伝子型である（この例では、三つの遺伝子型が考えられる）。よって、遺伝子が原因の病気の場合、正常な対立遺伝子（「野生型」）と突然変異の対立遺伝子の組み合わせを考えてみる必要がある。常染色体潜性疾患の場合では、変異対立遺伝子がホモ接合になると発症する。一方、常染色体顕性疾患の場合では、ヘテロ接合体（正常な対立遺伝子と変異対立遺伝子からなる遺伝子型）であっても発症する。

遺伝学では、「対立遺伝子」の概念はきわめて重要であり、この概念により、メンデルの第一法則が理解できる。

たとえば、親（「F0世代」といい、純系同士の交配の出発点になる世代）が二人ともホモ接合である対立遺伝子、すなわち、二つの同じコピーをもつとする（上の例では、AAとTT）。すると、その子孫の第一世代（F1世代、雑種第一代ともいう）は、すべて同じ遺伝子型（すべての子孫はヘテロ接合体になり、この遺伝子座において二つの異なるコピーをもつ〔上の例ではAT〕）になるだけでなく、その表現型（遺伝子座におけるそれらの遺伝子型に起因する、目に見えて顕在化する変化）も同一になる。

23 顕性・潜性

所定の遺伝子座における対立遺伝子の特徴が顕性か潜性かを決定するのは、ヘテロ接合体の表現型だ。言い換えると、ヘテロ接合による表現型は、顕性あるいは潜性の性質をもつ。

ヘテロ接合の状態にある対立遺伝子のなかで、表現型が「顕れる」のに十分であるものは顕性である。なぜなら、顕性の対立遺伝子は相同染色体上に存在する（潜性）遺伝子に関わらず発現するからだ。

逆に、表現型がホモ接合体においてのみ現れる場合は、その対立遺伝子は潜性だ。

顕性および潜性は、メンデルの分離の法則にとって重要なだけでなく、医療の分野においても必須の概念だ。

顕性の表現型（病気）は、ヘテロ接合の状態の顕性の変異遺伝子が発現する結果である。また潜性疾患は、潜性の変異をもつ対立遺伝子がホモ接合性の場合のみ発症する。潜性の対立遺伝子は、ほとんどの場合、その対立遺伝子が機能しなくなるという突然変異の結果である。その対立遺伝子がヘテロ接合体なら、病気の症状が現れる心配はない。というのは、正常な対立遺伝子が「保護」してくれるからだ。しかし、ホモ接合体の場合では、「保護機能」がないため発症するというわけだ。

一方、対立遺伝子が顕性である場合のメカニズムは、きわめて複雑だ。

遺伝子の断片やこの遺伝子の単一のコピーでは正常な表現型を確約できない場合では、この対立遺伝子の機能喪失〔*loss-of-function*〕によって顕性になることがある。

また逆に、機能獲得〔*gain-of-function*〕によって顕性になることもある。つまり、顕性の対立遺伝子の過剰発現や過活動などが原因で、正常な対立遺伝子でありながらも異常な表現型が引き起こされるため、この顕性の対立遺伝子が作用するのだ。

三つめの可能性は、正常な対立遺伝子（潜性）の発現に顕性の対立遺伝子が作用するという、さらに複雑なメカニズムである。これはドミナント・ネガティブ効果と呼ばれ、突然変異遺伝子の産物が顕性に働き、正常な対立遺伝子の産物が生物学的に阻害されるほどのレベルで存在する状態である。

メンデルの第一法則である顕性・潜性の規則は、二倍体ゲノムをもつヒトに完全に当てはまる。だが、例外は相同染色体でないX染色体とY染色体をもつために、一つの対立遺伝子しか発現しない男性の性染色体である。これをヘミ接合体という〔女性の性染色体はXXなので、常染色体と同様にX由来の対立遺伝子を一対もつため、メンデルの第一法則が当てはまる〕。

24　家族性、それとも孤発性？

病気、身体的または生物学的な特徴、そして表現型には、家族性〔特定の家族に頻度が高い〕のものと、孤発性〔散発的に起き、血縁者のなかに発症したものがいないこと〕のものがある。よって、表現型が家族性か、それとも孤発性なのかを分析することが、自身の遺伝的原因について考える際の出発点になる。家族性の遺伝病には、X連鎖性の顕性および潜性のメンデル遺伝病や、両親（のどちらか）が遺伝病である場合の、親子間の潜性遺伝などがある。

しかし、家族性だからといって必ずしも遺伝性だとは限らない。病気によっては、あまりに発症頻度が高いために、たまたま家族性になる場合もあるからだ。

その典型が乳がんだ。七〇歳になると乳がんになるリスクが積み重なるが、七〇歳未満の女性で、同じく七〇歳未満で乳がんを発症した第一度と第二度の近親者が五人存在する場合、この女性は三六％の確率で乳がんに罹る恐れがある。これは家族性乳がん「もどき」だろう。〔第一度とは、親子・兄弟／姉妹、第二度とは、おじ・おば・甥・姪・祖父母・孫を指す〕

反対に、孤発性の病気については、遺伝的でないものに原因を求めがちだが、根底の部分では遺伝的な要因が関与する可能性もある。

実際に、孤発性には、両親のどちらかが浸透度がゼロの状態〔表現型としては現れない、つまり、発症しない〕で子孫に受け渡す恐れのある顕性の遺伝形質、新規突然変異（これも子孫に遺伝するリスクがある）、さらにはほとんどの患者がその病気の家族歴をもたずに潜性遺伝で伝播する遺伝病などに関係する事例が数多くある〔例：多くの神経変性疾患では、ほとんどの症例は孤発性だが、その一部に家族集積性が認められることも知られている〕。

25 発現のばらつき

想像以上に厄介なのは、同じ病気であっても発現にばらつきがあることだ。つまり、遺伝子型が類似している場合でも、発現には個人差があるということだ。

症状の程度、病気の進行具合や、影響がおよぶ臓器などに現れるばらつきは、病気の診断を難しくする原因であると同時に〔大人の病気として知られているものが子供にも発症する可能性を想像できるだろうか〕、当然ながら病状の見通しを立てることも困難にする〔病気の推移にも個人差があるため、その予測は難しい〕。

発現のばらつきの原因は、同じ病気であっても遺伝子座の性質が異なる場合［▼54］、変更遺伝子〔別の遺伝子の発現に影響を与える遺伝子〕の存在〔それらの変更遺伝子と、〔発現調節を受ける〕主たる遺伝子との距離の違い〕、そして環境要因という複合的なものだ。

このように、同一遺伝子上に異なる変異をもつことが原因で、病気の症状に違いが生じることをアレル異質性［▼53］という。この異質性は、少なくとも次の二つの点で家族間のばらつきに決定的な役割を担う。

一つめは、さまざまな突然変異の対立遺伝子が遺伝形式〔常染色体の潜性および顕性の遺伝やX染色体連鎖性遺伝〕に関わらず、遺伝子の発現に何らかの重大な影響をもたらす可能性があることだ。

もう一つは、常染色体潜性遺伝病では、病気の遺伝子座をホモ接合でもつ患者であっても、別個の突然変異対立遺伝子をもっているかもしれないということだ。

この状態は、「本当の」ホモ接合（遺伝子のそれぞれのコピーにまったく同じ突然変異対立遺伝子をもつ状態）に対して複合ヘテロ接合体（*Compound heterozygosity*）と呼ばれる。

なお、この複合ヘテロ接合体は、「二重ヘテロ接合体」とは明確に区別されなければならない。「二重ヘテロ接合体」の定義は、二つの異なる遺伝子座でヘテロ接合をもつ個人のことであり、一般的には表現型の変化をともなわない。

家族内のばらつきに関しては、病気とは無関係の遺伝子座における調節遺伝子や対立遺伝子の存在が考えられる。

26 浸透度

ある生物の特定の遺伝子型が表現型として現れる確率が浸透度である。ヒトの遺伝学においてこの概念は、特定の遺伝子型における、形質、身体的な特徴、臨床的および生物学的な表現型、さらには病気が発症する確率を示す。

一方、組織や細胞に病気の原因となる遺伝子型があっても、表現型が発現しない人もいる。この確率が「不完全浸透度」である。

遺伝子型が問題を引き起こすのは、単純な遺伝的な変異だけでなく、ゲノム変異の複雑な組み合わせも原因になる。

問題を引き起こす表現型の発現の度合いも多様であり、実際の臨床症状（病気）だけでなく、生物学的、分子的、放射線学的な数値にも影響をおよぼす。

病気として現れる複合的な症状についても、浸透度は不完全だが確実に発症している場合は、中間表現型（表現型の一種）として区別できる〔中間表現型とは、遺伝子型と表現型（病気）の中間に位置する概念である。たとえば、統合失調症などの精神障害は、遺伝的要因が強く示唆されるが、この病気そのものを表現型として扱うと、原因と思われる遺伝子型との関連性が見つからない場合がある。そこで、神経科学的な異常など、より細かく具体的な表現型（中間表現型）として扱い、遺伝子多型との関連解析が進められている〕。

遺伝子検査の数値は、浸透度に基づいて導き出される。というのは、浸透度が一〇〇％未満の場合では、病気の原因となる遺伝子変異をもっていても、必ずしも発症するわけではないからだ（不完全浸透度や浸透度がわからない場合では、さらに大雑把な予測になる）。

現在、遺伝学者は自然な条件下で大きな人口集団の遺伝子型の浸透度を研究している。たとえば、アイスランド人の集団のゲノム配列を調べたところ、アイスランド人の七・七％（一般的に男性）は、重篤な病気を引き起こす突然変異の遺伝子がホモ接合であっても、驚くべきことに表現型の異常である病気の症状をまったく示していない。

この現象には一一七一個もの遺伝子が関与している。これらの遺伝子の多くはヒトに必要なのかもしれない（だからこそ、これらの遺伝子は進化の過程でも維持されたのではないか）。

よって、われわれ「生存者」は、病気を引き起こす遺伝子型の一部の影響から逃れられた理由を理解すべきなのだ。遺伝学では、このような研究が不可欠である。しかし、さらに重要なのは、病気を引き起こす遺伝子型を補うための革新的な治療法を開発することだろう。

27 X染色体

X染色体はおよそ一〇〇〇個の遺伝子をもつ中型の染色体であり、これらの遺伝子はよく知られている。X染色体に関する多くの大発見は、偶然あるいは観察による女性研究者たちの偉業である。それらを列記する。

ジュリア・ベル〔一八七九年生まれのイギリスの遺伝学者〕は、著書『ヒトの遺伝形質に関する宝庫（*Treasury of Human Inheritance*）』でデュシェンヌ型筋ジストロフィー〔X染色体短腕のジストロフィン遺伝子欠損による潜性遺伝病で、基本的に男性だけが発病する〕の遺伝様式を解き明かし、また分子遺伝学が発展するはるか以前の一九三七年に、色盲と血友病の原因遺伝子の連鎖関係（ともにX染色体上に存在する）を突き止めた。

次に、メアリー・フランシス・リヨン〔一九二五年生まれのイギリスの遺伝学者〕は、一九六一年に女性の体細胞におけるX染色体のうちの一つが不活性化する現象を発見した。

次に、パトリシア・ジェイコブス〔一九三四年生まれのスコットランドの遺伝学者〕は、「45, X」と表記されることもあるターナー症候群（X染色体を欠く女性）などの性染色体異常を発見した。

そしてイザベル・オベルレは一九九一年に遺伝子誘発性の精神遅滞の最も一般的な原因である、X

染色体の脆弱性に関する突然変異〔脆弱X症候群〕に固有のメカニズムがあることを解明した。性別に関連する遺伝、すなわち、伴性遺伝はヒトの性染色体の構成が非対称であるために起きる。女性の場合は、XX（同じ配偶子が接合している）であり、卵子は常にX染色体を子供へ伝達する。一方、男性の性染色体の組み合わせはXY（異なる配偶子が接合している）であり、「X」あるいは「Y」をもつ精子が伝達することによって、生まれてくる子供の性別が決まる。つまり、ヒトの場合、性染色体の構成は常に「交雑混合物」である。性染色体とは逆に、二二対の常染色体は男女ともに対称的である。

バビロニアのタルムード〔紀元四〜五世紀ころにユダヤの伝承書として編纂された聖典〕には、X染色体に関わる病気に対する遺伝学的な勧告が記されている。

父親は同じとは限らないが、同じ母親から生まれた二人の子供のうち、一人が割礼後に出血死したときには、同じ母親およびその姉妹の次の子供に割礼を行ってはならない。その子も出血死する恐れがあるからだ。（*Yeb. 64b*）

このタルムードの一節は、この奇妙な遺伝様式（ここでは血友病）を端的に説明している。男子は病気でない父母から産まれるが、保因者である母親には、同じ病気に罹った兄弟あるいは母方のおじがいるかもしれない。そうなると、次に誕生する息子も同じ病気に罹っている恐れがある。このようなことが紀元前にすでに指摘されていたのだ。

今日まで、X染色体上に局在している病気の遺伝子は五〇〇個ほど特定されている。ところで、障害者施設にいる男子のほとんどの精神遅滞症状にもこのモデルが当てはまる。なぜなら、X染色体上の多くの遺伝子は脳内で発現するからであり、男性がこれらの対立遺伝子の変異をもつと、完全に発現してしまうからだ。

他方、女性の場合では、もう一本のX染色体上に存在する対立遺伝子が正常なら、この正常な対立遺伝子によって保護されるため、発症を免れることができる。

28 保因者

遺伝学者の重要な使命の一つは、X染色体上にある遺伝子の変異が原因となって発症する遺伝病を伝播する家族の女性に、彼女が保因者であるかどうか、つまり、病気をもつ男子を産むリスクがあるか否かを知らせることである。

とくにその女性が保因者と断定された場合、遺伝学者は彼女の家系を丹念に調査し、臨床症状をくまなく検査し、生物学的な徴候を探究し、そして遺伝子検査を行う。この一連の過程を経て遺伝学者が示す見解は、あたかも裁判官が下す判決のようである。というのは、親類縁者に非情な情報がもたらされることもあるからだ。

保因者の女性にはメンデルの分離の法則が当てはまる。この女性が子供を産んだ場合、可能性は次の四通りがある。健康な男子、保因者でない女子、病気の男子あるいは保因者の女子であり、これら四通りのうちのどれになるかは出産ごとに二五％の確率である。

X連鎖性疾患をもつ男性が父親である場合、彼の子供たちのうち、女子は全員が保因者になる。しかし、これらの女子は母親からもX染色体を受け継ぐ。よって、その男性が発病しても生存および生殖能力に問題がないのなら、すべての子供の女子は健康である〔保因者であるこの女子が将来、男子を産むと、その子は五〇％の確率で病気になる。このように、男性は一世代おきに発病するケースが多い〕。

一方、父親のY染色体を受け取る男子の子孫には、X連鎖性疾患に罹るリスクはない〔発病するのはおもに男性だが、父親から男子への疾患遺伝子の伝達は起こらない〕。

とはいえ、X連鎖性疾患の遺伝的な発現は前述の確率にぴたりと当てはまるのではなく、第一に、突然変異の対立遺伝子が顕性か潜性かによって異なる。

X染色体上にある潜性対立遺伝子の場合では、男子のみが罹患する。一方、女子の保因者は、二本のX染色体が不均等に不活性化されるために、臨床症状（例：血友病の保因者は出血の頻度が高い）や生物学的な症状がほとんど表れない。

X染色体上の遺伝子座に顕性の突然変異の対立遺伝子がある場合、保因者の女性が発症するのはもちろん、男性ではしばしば症状が重すぎるため、胚死亡する恐れがある。女性が発症し、男性は罹患しないという、一般的なX連鎖疾患のイメージと異なる病気の系譜は、常染色体顕性疾患［▼23］とともに奇妙に思える。この病気を発症する男子はいないが、それは初期の流産が異常に多いことで説明がつく。
つまり、父親から息子へ遺伝病が伝達することは、原則として、X連鎖性の遺伝形態としては起こり得ない。これは遺伝子系図［▼64］からわかる重要な点である。

29 Y染色体

Y染色体は、染色体のなかで最も小さく、存在する遺伝子の数も一番少ない（およそ五〇個）。ヘテロクロマチン（遺伝子の発現が不活性化されている領域）がほとんどを占めるY染色体は、数百万年の進化の過程で縮み、削られてきた。しかし、それでもわれわれの種に受け継がれ、今日に至るまで男性という性を決定している。とはいっても、人間の性決定の仕組みが今後、どう進化するのかはわからない。

哺乳類において、未分化の原始生殖腺細胞を精巣に変えるのは、Y染色体上に位置する少数の遺伝子のうちのたった一個の遺伝子である。そしてこの遺伝子をもつヒトの胎児は、カスケード効果（遺伝子の働きが連鎖的に伝わる現象）によって男性になる。これがSRY（Y染色体性決定領域遺伝子）という小型で単純な構造の遺伝子である。SRYがゲノム上のどこにあっても、この遺伝子をもつ胚は男性へと分化する。

Y染色体に関する形質の伝達、つまり、男性によって男性に伝達される遺伝のことを限雄性遺伝という。では、限雄性遺伝の場合、Y染色体上に位置する遺伝子が原因になる病気は存在するのだろうか。その答えは「イエス」だ。

SRY遺伝子そのものに変異がある場合や、SRY遺伝子の配列の一部が欠けている場合では、男性の核型〔染色体のパターンのことで、男性は「46, XY」と表記される〕をもつヒト胚であっても、一般的な女性「46, XX」と同様に、生殖能力をもつ正真正銘の女性になる。

一方、男性として生まれる場合のY染色体の欠失に関連する表現型には、男性不妊症、聴覚障害をもたらす稀な病気、あるいは外耳道の多毛症などの科学的根拠に乏しい身体的な特徴くらいである。

結局のところ、ヨーロッパ社会においてY染色体と密接に関わる唯一の特徴は遺伝的なものでなく、苗字が受け継がれるという文化的なものである……。Y染色体の生物学的な痕跡を辿ると、「アダム」に行き着くということか。

30 生殖細胞と体細胞モザイク

遺伝学者たちを悩ませてきた現象がある。それは、突然変異を含むあらゆるゲノム変異が、個体を構成するすべての細胞に発現するのではなく、ある特定の細胞集団だけに認められる場合である。すなわち、〔身体を構成するすべての細胞が同じゲノムをもっているはずの〕同一の個体において、遺伝的に異なる細胞が混在し、モザイク状になっている状態である。

ヒトの体細胞系譜〔一個の受精卵が分裂して成体になるまでの細胞の系図〕のなかで、遺伝的に異なる細胞が見つかる場合が体細胞モザイクだ。たとえば、すべての細胞に変異が起きて発病した患者の症状と比べると、体細胞モザイクをもつ患者の症状は軽くなることがある。

こうした例は、皮膚病の遺伝学的な研究が進むにつれて、いくつも見つかった。というのは、皮膚病はその人の皮膚を「見る」だけで診断できるからだ（例：色素沈着の異常がまだらに分布する場合）。しかし、体細胞モザイクは皮膚以外にも、脳、骨、腎臓などの組織に異常が生じるような、常染色体顕性遺伝の病気にも影響をおよぼす。

一方、生殖細胞モザイクの定義は、「同一人物が二つの異なる生殖細胞系譜をもつ」ことだ。つまり、一方の生殖細胞集団には変異があるが、もう一方の集団には変異がない場合である。

この変異が親の体細胞に存在しない場合、親は病気に罹らないが、この変異による病気は子供に遺伝し、その後、何世代にもわたって遺伝することがある。この概念は重要だ。なぜなら、両親は発病していなくても、子供は発病することがあるからだ。そのとき、子供が罹った病気は、子供の遺伝子の突然変異として「孤発性」とみなされる恐れがある。

このような場合では、従来型の遺伝カウンセリング（「顕性遺伝の病気→病気でない親→孤発性→新たな突然変異→親からの遺伝ではないという見解」）は覆される。

今後、常染色体顕性遺伝の病気やX染色体に関わる病気の原因が新たな突然変異と考えられる場合であっても、この仮説を頭の片隅に置いて慎重に遺伝カウンセリングを行う必要がある。

第三章　遺伝子でリスクを計測する！

31　創始者たちの論争――生物統計学者とメンデル遺伝学者

現代遺伝学におけるおもな問題は次の通りだ。

単一遺伝子疾患に罹るリスクは計算できるが、多因子性遺伝疾患の発病の可能性（発病する、しない）と量的な徴候（血圧値や体重など）に関する個人のリスクは、正確に計算できないことだ。すなわち、単一遺伝子疾患と多因子性遺伝子疾患の双方を統合する理論は、いまだに確立されていないのである。

だからこそ、現状は「メンデル遺伝学者」と「生物統計学者」が激論を交わした一世紀前とほとんど変わらないとも言える。

ウィリアム・ベイトソン〔イギリスの遺伝学者〕をはじめとする初期の「メンデル遺伝学者」たちは、〔次世代の表現型が一：二：一に分かれるなどの〕非連続的なメンデルの法則に基づいて、ヒトの遺伝と遺伝的多様性を普遍的かつ例外なく説明した〔遺伝学（*genetics*）という言葉は、*heredity*（遺伝）と *variation*

〔多様性〕を取り扱う科学分野として、一九〇五年にベイトソンが提案した。次項32を参照〕。

一方、フランシス・ゴルトンの後に登場した近代統計学の基礎を築いた数学者カール・ピアソン〔ともにイギリスの統計学者〕らが率いる「生物統計学者」たちは、連続的な分布の量的な特性、つまり、その分布の極端な数値が病気の原因になると主張した〔ピアソンは、縦軸に度数、横軸に階級をとったデータ分布を視覚的に把握する統計グラフであるヒストグラムを発案した〕。ピアソンは『バイオメトリカ』（一九〇一）を、ベイトソンは『遺伝学ジャーナル』（一九一〇）を発刊した。両者の専門誌のタイトルは、彼らの学術的な立場を如実に物語っている。

両者の論争の行方は、とくに先天的代謝異常の生化学的な根拠の観点からメンデル遺伝学者らの提唱するモデルの圧倒的な勝利に終わった。

この勝利は次のような恩恵をもたらした。メンデル遺伝学により、生理病理学が大きな発展を遂げたのである。そして遺伝子が識別できるようになったため、遺伝子診断が進化し、これが患者やその家族に大きな利益をもたらすようになった。

その後もメンデル遺伝学は、遺伝子治療への道筋を切り開き、快進撃を続けた。

同時期、優生学に感化された「生物統計学派」（一九二五年に『優生学紀要』を創刊）は、国家主導の優生学に基づく理論に加担し、社会的、政治的な評判を落とした。

その顚末はご存じの通りだ。たとえば、「ポリティカル・コレクトネス」に充分配慮する国とみなされていたスウェーデンやアメリカにおける知的障害者や精神病患者に対する強制不妊手術の組織的な実施や、遺伝学に基づくという触れ込みでナチスが断行した民族浄化という大虐殺である［▼99］。

そうは言っても、「生物統計学者」と「メンデル遺伝学者」との知的紛争は、ロナルド・エイルマー・フィッシャー、シューアル・グリーン・ライト、J・B・S・ホールデンという三人の科学者によって理論的に解決された。

現在、われわれが述べる多因子性遺伝疾患の罹患率は、一九一八年に発表されたフィッシャーの先駆的な論文『メンデル型遺伝を仮定する血縁者間の相関』において提唱されたモデルに基づいて計算されている。

32 遺伝率（および多様性）

遺伝率は難解だが重要な概念である。同一のヒト集団における個人間の遺伝的な変異、つまり、表現型の変異の比率を表すのが遺伝率である。

定量的な形質の場合、変動幅は、分散という概念を用いて統計的に計測される。ある個人がそのグループの平均値からどれだけ解離しているのかを推定するのだ。

特定の条件下において、表現型の変動幅（V）は、遺伝要因（Vg）と環境要因（Ve）とに切り分けることができる。したがって、$V=Vg+Ve$という式が成り立つ。そして遺伝率（h^2）は遺伝的な分散と表現型の分散との比率なので、$h^2=Vg/(Vg+Ve)$と表せる。よって、遺伝率は0から1までの値をとる。

たとえば、あるヒト集団の特定の形質に関する遺伝率の場合、遺伝率の値が1に近づくほど、環境よりも遺伝の影響が強まることを意味する。

遺伝率は、身長などの計測可能な〔定量的な〕形質に対して用いられた後、発病するかしないかなどの二元論的な〔定性的な〕形質にも適用されるようになった。つまり、非常に多くの遺伝要因と環境要因が独立した弱い影響を相互におよぼし合って発症する病気〔多因子性疾患など〕についても発症率を算出できると仮定するようになったのである。すなわち、病気になるのは遺伝や環境に関する複数の要因が閾値を超えるからだと解釈するようになったのだ。

「遺伝率は、ある形質が現れる遺伝要因の寄与度を示す」と理解している人がいるが、これは間違いだ。遺伝率が一〇〇%〔すなわち、1〕であっても、環境要因は〇%ではない。遺伝率一〇〇%は、対象となるヒト集団では全員が同じ環境要因をもつという意味にすぎない〔環境要因の「多様性」はゼロだということ〕。

たとえば、ある村で全員が結核菌に同じように曝される場合、結核の遺伝率は一〇〇%になる。この病気に罹るかどうかは、村人各自の遺伝的な違いだけに依存する。だがもちろん、〔感染症である〕結核の発症が遺伝要因だけで決まると考えるのは早計だ。

形質の遺伝率を計測する最も古典的な方法としては、兄弟姉妹間の形質の類似性についての研究〔同じヒト集団からランダムに選択された二人の人物の類似性との比較〕や、一卵性と二卵性の双生児〔▼33〕を利用する一致分析などがある〔双生児の場合、環境要因は同じだが、二卵性では、通常の兄弟姉妹と同様に、遺伝要因は異なる。一方、一卵性では、環境要因だけでなく遺伝要因も同一である。この一卵性と二卵性の違いを利用して形質の差異に関する遺伝的な因子の寄与を推測するのが双生児法である〔33を参照〕。

血縁者は似通っているというありふれた現象を単なる偶然と片付けるのではなく、統計学的に証明しようという試みが遺伝率の計測である。これは遺伝学的な研究手法の根幹をなす。

しかしながら、遺伝率の計算は単純化された仮定に基づいていることに留意する必要がある。とくに多因子性疾患の場合、関与する遺伝子の数、これらの遺伝子が個々におよぼす影響や相互作用、そして環境がおよぼす影響などが未知数だからだ。

33 双子〔双生児〕

遺伝学者は双子の存在を見逃さなかった。というのは、定性的なもの〔発現するか否か〕であれ、定量的なもの〔計測可能〕なものであれ、表現型の発現において、遺伝が作用する部分と環境が作用する部分を切り分けようとしたからだ。

双生児間の表現型の一致および不一致に関する研究は、遺伝率を測定するために用いられる基本的な分析手法でもある〔双生児法〕。双生児間で、形質が似ている場合が一致であり、逆に、形質が異なる場合が不一致である。一致しない形質が病気の場合もある。

双子が誕生する確率は自然妊娠のおよそ一％であり、一卵性双生児はその一〇％だ〔つまり、出産全体の一〇〇〇分の一〕。一つの受精卵が分裂〔多胚化〕して生まれるのが一卵性双生児である。したがって、一卵性双生児間のゲノムはあらゆる点で同じである。彼らは遺伝学的に同一の存在なのだ（DNAの全長に対してシークエンス解析を行っても、ゲノム〔塩基配列〕の違いはほとんどない）。

一卵性双生児とは異なり、二卵性双生児は、同時期に同じ子宮で妊娠して発育して誕生した兄弟姉妹である。彼らは同じ環境を共有するものの、遺伝的な類似性に関しては、通常の兄弟姉妹と変わらない。

よって、双子を利用して一致および不一致の分析を行う目的は、遺伝要因の存在を見出すことにある。つまり、ある形質に関して二卵性双生児間よりも一卵性双生児間の一致率のほうが高いのなら、その形質は遺伝要因である可能性が高いといえる。

逆に、一卵性と二卵性の双生児間の一致率がほぼ同じなら、遺伝要因を完全には排除できないとしても、遺伝要因の可能性は低い（あるいは、全員が同じ遺伝要因をもつ）とみなすことができる。

34 連鎖

二つの遺伝子座が同じ染色体上にあるとき、これらの遺伝子座にある対立遺伝子の伝達が独立した状態にないことを連鎖という。

したがって、遺伝子の連鎖を測定すれば遺伝子座の位置関係がわかるので、ゲノムの遺伝子地図を作成できる。

連鎖の測定単位は、ショウジョウバエを用いる交配実験によって遺伝子地図を作成したコロンビア大学の遺伝学者トーマス・ハント・モーガン（と彼の映画『フライ・ルーム』）に敬意を表し、「モーガン」と命名された。

一九一〇年代にモーガンは連鎖する遺伝子があることを突き止め、彼の教え子アルフレッド・スターテバントとともに、ショウジョウバエのゲノム遺伝子地図を完成させ、遺伝に関する染色体理論を打ち立てた。

一％の頻度で遺伝子の組換えが生じる距離［▼19］は、一センチモーガン（cM）と定義された。この遺伝子の距離は、キロベース（kb）やメガベース（Mb）などの単位〔1kbは一〇〇〇個の塩基が並んだときの長さを表す〕で測定される二つの遺伝子座を隔てるDNAの物理的な距離とはあまり関係がない。実際に、物理的な距離が等しくても、モーガンの距離に応じて組換えが頻繁に生じるゲノム領域がある。

つまり、遺伝子地図はすべて連鎖の研究に基づいて作成されたのである。これらの連鎖に関する研究により、ゲノム全体における遺伝子マーカーの位置、そして病態生理学的および分子的な基盤が不明だったヒトの遺伝病に関与する遺伝子の存在を把握できるようになった。

遺伝学者は、これらの疾患遺伝子を特定するために患者家族の遺伝子マーカーの伝達を研究した。染色体全体に散らばって存在する遺伝子マーカーのなかで、偶然以上の確率で病気と連動して伝達されるマーカーに注目したのだ。そのようなマーカーが存在するのなら、病気の遺伝子はこのマーカー周辺の染色体領域に存在すると推測できる。

この解析手法は「逆遺伝学」と呼ばれ、病気を解明する分子遺伝学の黄金時代（一九九〇―二〇〇〇）を築いた。遺伝子の位置情報そのものに意味はないが、この情報によって遺伝子を特定できるようになったのである。当時、遺伝子を特定するには数年を要したが、ヒトゲノムの配列が完全に読み取られた今日では、わずかな時間でできるようになった。

35 遺伝的関連性

あるヒト集団において、二つの特徴が偶然以上の確率で同時に表れる場合、これらの特徴の間には関連がある。同様に、この関連を応用すると、ある形質が現れる人と現れない人との間では、マーカーとなる対立遺伝子の出現頻度が異なる。この形質はマーカーとなる対立遺伝子と遺伝的な関連をもつのだ。

一九七〇年代から八〇年代にかけて行われた数多くの研究により、形質（とくに病気）とヒト白血球抗原（ＨＬＡ）システムの対立遺伝子との間には関連性があることがわかった。これらの関連性なかにはきわめて強いものがある。

たとえば、ナルコレプシー〔睡眠障害の一つ。日中反復する居眠りや睡眠発作などが症状〕の患者には、ＨＬＡ－ＤＲ２の対立遺伝子が例外なく存在する。ちなみに、この対立遺伝子はフランス人口の二五％にしか存在しない。

その後、ゲノム全体をくまなく調べた結果、数多くの遺伝子マーカーが見つかった。それらのほとんどは両アレル変異である（一つのヌクレオチド変異が両方の対立遺伝子に存在する）ため、これらすべてのマーカーと病気との関連を検証することができた。これがゲノムワイド関連解析［▼38］である。この解析の目的は、研究対象の病気に関与する遺伝的要因が含まれるゲノム領域を特定することだ。

　しかしながら、ゲノムワイド関連解析にはいくつかの問題点がある。一つめは、関連性の解釈が困難であることだ。

　たとえば、サンフランシスコの一部のヒト集団には、箸を上手に操る素養に関連する遺伝因子が存在するという研究が発表されたことがある。この素養はＨＬＡシステムの対立遺伝子と関連があるというのだ。

　ゲノムワイド関連解析の結果、関連性は示されたが、食生活のスタイルを決めるＨＬＡシステムの対立遺伝子が存在するという解釈は、当然ながら誤りだ。誤りの原因は、サンフランシスコ市民の間で遺伝的な隔たりと文化的な違いが存在したからにすぎない。すなわち、一部のアジア系の住民は箸を器用に使いこなすと同時に、アジア系に固有のＨＬＡハプロタイプ［その人のもつ、対立遺伝子の組み合わせのこと］をもっていたということだ。箸の利用と遺伝との間に関連性はないのだ。

　ゲノムワイド関連解析のもう一つの問題点は、非常に多くのテストを行わなければならない点だ。関連解析で検出される差が偶然でないことを確証するには、統計学的にきわめて高い水準（$p<5\times10^{-8}$）を越える必要があるのだ［t検定など、一般的な統計解析に用いられる閾値は$p<5\times10^{-2}$］。

36 多因子性（疾患）

多因子性の遺伝様式が意味することは、〔正常な、あるいは病気の〕表現型の発現は、個別に独立した〔ゲノムのさまざまな遺伝子座に位置する〕複数の遺伝子による遺伝要因が環境要因と組み合わさる作用によって説明できるということである。

この仮説では、関与する複数の遺伝子が発揮する効果は、それらの遺伝子が個別に発揮する効果の単純な足し合わせではないことを前提にしている。

いずれにせよ、こうした遺伝子の相互作用には、メンデルの顕性および潜性の概念は当てはまらない。同様に、多因子性疾患に関与する各遺伝子座における変異体の分離も、それが遺伝するかどうかに関わらず、メンデルの法則には従わない。

遺伝様式は、多くの遺伝子が関与していると考えられるのならポリジェニック〔多遺伝子性：*polygenic*。*poly* はギリシャ語で「多い」を意味する〕であり、少数の遺伝子によって形質の遺伝的な要因を説明できるのならオリゴジェニック〔*oligogenic*。*oligo* はギリシア語で「少数」を意味する〕である。

遺伝様式は、こうした遺伝子の組み合わせに環境要因が加わり、最終的に多因子性になる。

多遺伝子性や多因子性仮説のおもな課題の一つは、遺伝様式に関与する遺伝子の構成を明らかにし、その影響力を計測することだ。構成する遺伝子を同定するための大がかりな研究に自信をもって取り組むには、事前にこの課題をこなす必要がある。

その際、おもな尺度になるのは遺伝率である。遺伝率とは、家族内の事例を寄せ集めた統計的な指標である。もちろん、ある家系において商売人あるいは医師になるという選択が世代を経て連続したからと言って、これを遺伝要因の家族内集積〔家族内で、特定の形質、行動、疾患などの集積が認められる現象〕と捉えてはいけない……。

すでに多くの民間企業が遺伝子検査サービスの市場に参入しているように、多因子性の遺伝様式の解明には、莫大な経済的利益も絡んでいる。こうした民間企業は、個人の遺伝子型に基づく遺伝的な体質や疾病の予防などに関する遺伝子検査を実施しているが、これらの検査の精度は充分に検証されていない。

お金儲けの欲望は科学の歩みを置き去りにする一方で、人々の理解は科学の進歩についていけないということか。

37 閾値と罹患率

多因子性遺伝モデルを構築する際には、閾値という固有の概念が不可欠であり、生物学では仮想的な指標として用いられる。

遺伝的に好ましくない影響が蓄積し、これが環境的に好ましくない状況と組み合わさると、閾値を超え、病気が発症する。

逆に、遺伝的要因が人体を保護する場合や環境的要因に問題がない場合、もしくは遺伝的にも環境的にも異常がない場合では、閾値を超えず、病気にはならない。

このように、病気になるかどうかの生物学的な閾値は、遺伝的および環境的な要因に応じて変動する。したがって、「生物学的な閾値」により、（閾値を超えて）病気になる人々と、閾値を超えずに健常のまま生きられる大多数の人々を切り分けることができる。

集団の発病リスクは、正規分布〔平均値の付近に集積するようなデータ分布を表す確率分布曲線のこと〕を描く。閾値は不変とみなされるのに対し、分布曲線は変動すると考えられている。とくに、親族に病気の者がいる場合、閾値は同じでも、それらの人々の分布曲線は、病気の遺伝的および環境的な要因をもつため、発症率が高くなる方向にシフトする。したがって、彼らが病気になるリスクは健常な集団と比べて高くなる。

こうした「閾値」の概念はきわめて仮想的であり、現在までのところ、生物学的な裏付けはない。そうは言っても、フィッシャーや彼の後継者たちは、量的遺伝学とメンデル遺伝学との長年にわたる対立を、この概念を用いて理論的に解決した〔▼31を参照〕。

また一九六〇年代になると、セドリック・カーターは多因子性遺伝モデルに閾値の概念をもち込んだ。多重遺伝子性の遺伝様式を思いついたカーターは、この仮想の生物学的な閾値を量的に超えると病気になると考え、個々の遺伝要因は影響力が弱い場合や個別にしか作用しない場合でも、それらが蓄積すると発症するというアイデアを提唱したのである。

38 パンゲノム解析（関連解析、その①）

ゲノムワイド関連解析（GWAS：*Genome-Wide Association Studies*）は、ゲノム全体を対象にする関連解析である（パンゲノム解析）。この分析の目的は、とくに複雑な多因子遺伝モデルにおける遺伝因子を見つけ出すことにある。

これまでは、病人（症例群）と健常者（対照群）の二つの集団を比較し、体系的なパネル調査を実施してきた。こうした分析はしばしば大がかりな作業であり、一塩基多型（SNP）などのゲノムのDNA多型を研究対象にしてきた。

一方、ゲノムワイド関連解析（GWAS）の論理は単純である。患者の集団を対照群〔健常者〕の集団と比較し、もし前者の集団に特定のDNA断片が偶然よりも高い確率で存在するのなら、これらのDNA断片（しばしばSNP多型マーカーと呼ばれる）は病気と関連性をもつとみなす。そして、遺伝要因はこれらのDNA断片を含む遺伝子座、もしくはこれらの近くに位置すると推論するのである。この推論は理にかなっているが、もたらされる答えは矛盾に満ちている……〔▼49を参照〕。

ゲノムワイド関連解析（GWAS）は大流行した。とくに二〇〇〇年から二〇一五年にかけて、著名な科学雑誌には、ゲノムワイド関連解析の論文が数多く掲載された。

というのは、ゲノムワイド関連解析を行えば、簡単に病理学の知識を得ることができ、危険な遺伝因子を特定でき、治療の標的を見極めることができるようになると考えたからだ。さらには、さまざまなマーカーや、それらの組み合わせに基づく遺伝子検査の実現も期待された。

だからこそ、こうした研究には莫大な資金が投じられたのだ。ゲノムワイド関連解析は、医学、経済、金融などの分野に多大な影響をおよぼすと期待されたのである。

ところが、インパクトファクターの高い科学誌に掲載されたにもかかわらず、これらの研究は生産性が低いことが判明し、実験結果は生物学的にも実験的にも杜撰だという批判の声が上がるようになった。

39 不確定性と多因子モデル（その②）

ゲノムワイド関連解析の流行から一五年が経過し、一般的な病気〔肥満や糖尿病などの日常生活において発病頻度の高い病気。一般病、コモンディジーズとも呼ばれる〕の多遺伝子モデルという枠組みでのパンゲノム研究に疑義が生じた。

これらの研究結果は不充分であり、しばしば再現性がなく〔追試を行っても同じ結果を得られない〕、バイアスがかかっている、あるいは誤っている場合もある。これらの研究では、遺伝的な側面はほとんど説明できない。

これらの研究の信頼性が低い原因は何か。これらの研究の解釈に信頼性が乏しいのはなぜなのか。

第一の理由は、大規模なプロジェクトにおいてこうした手法を用いる場合、研究対象にする患者の表現型は同一だと想定するが、研究対象がごく一般的な病気だと、そのような想定は困難だからだ。

また、これらの多因子モデルの特徴の多くは定量的であり、測定値には誤差が生じる〔例：血糖値、血圧値）。集団を患者群と対照群とに強引に区分することも研究結果を混乱させる。

第二の理由は、研究結果の解釈にある。ゲノムワイド関連解析（GWAS）が示すほとんどのゲノム変異体は、生物学的な役割を見出すのがきわめて困難なDNAの非コード領域に存在する。

さらに、研究対象になる個人の体質が不均等であることも関連する変異の非相加的な効果と同様に、過小評価されていると思われる。そして、環境要因も推定がきわめて困難であり、研究対象になる個人ごとに異なるはずだ。

最後に重要なこととして、一般的に「同じ病気には共通の変異が存在する」という仮説は論理的だが、まったく実証されておらず、疑わしくさえある。

そこで、（単純な関連解析でない）最新のゲノム配列研究では、むしろ個人特有の稀な変異体（SNPやCNV）の役割が注目されている。というのは、これまでほとんどのGWAS型のパンゲノム解析では統計から除外されていたが、遺伝性であると同時に新規の変異体でもあるこれらの変異体の個人差は、きわめて大きいからだ。

40　相対危険度

相対危険度とは、二つのグループ〔暴露群と非暴露群〕間の発症リスクの比率だ。

疫学ではこの尺度は広く用いられている。たとえば、喫煙者が肺がんを発症する相対危険度は、喫煙者と非喫煙者がそれぞれ肺がんを発症するリスクの比率である。

遺伝学では、相対危険度は特定の遺伝子型を有することによるリスクを測定するために使用される。ようするに、その特定の遺伝子型を有する個人が、それをもたない個人と比較したときのリスクが相対危険度である。

他にも、ある病気に関して一般的な人が罹患するリスクとその患者の親族のリスクを比較すれば、その病気は患者の親族内に多くみられることも示せる。たとえば、多発性硬化症に罹った人の兄弟または姉妹がこの病気に罹るリスクは、フランスでは一般人口のリスクの二〇倍から三〇倍だ（つまり、相対危険度は二〇〜三〇）。

ところが、彼らが罹患するリスクはせいぜい二〜三％にすぎない〔なぜなら、フランスにおける多発性硬化症の罹患率は世界的にみると比較的高くおよそ〇・一％だが、相対危険度は二〇〜三〇なので、彼らの発症リスクは二〜三％にしかならないからだ。ちなみに、日本の多発性硬化症の罹患率は〇・〇一％に満たない〕。相対危険度が高くなると罹患するリスクは低くなるということを理解する必要がある〔相対危険度が高いということは、集団全体の罹患率が低いことが前提にある〕。

これとは逆に、頻繁に発症するような病気の場合、兄弟姉妹の相対危険度は低くなり、罹患するリスクは高くなる。たとえば、2型糖尿病の患者をもつ兄弟姉妹の相対危険度はたったの一・八だが、彼らが五五歳になったときの2型糖尿病の有病率は二三％である。実際に、フランス人口における五五歳でのこの病気の有病率は一三％である〔23÷1.8≒13と逆算できる〕。

したがって、医学研究では、相対危険度の取り扱いには細心の注意が必要だ。とくに、たった一つの変異体を対象にする遺伝子検査や、そうした結果を治療の保護的、予防的、処置的な指標として利用する場合である。

しかしながら、市場で流通している遺伝子検査には、きわめて単純な仕組みのものがあり、こうした逸脱は非常に懸念される。

41 「オッズ比」、確率の比率

多因子疾患を扱うパンゲノム研究では、全ゲノムに高密度に分布するあらゆる遺伝子マーカー（SNP）について、症例群と対照群とで比較する。その違いは、しばしば「オッズ比」という確率の比率によって測定される。わかりにくい概念だが、病気の発症率がそれほど高くない場合、このオッズ比と相対危険度の値はほぼ等しくなるため、より直感的に理解できる。

オッズ比は、ある対立遺伝子をもっていないときに病気に罹るリスクと、その対立遺伝子をもっているときに病気に罹るリスクとの比率である。

一以外のオッズ比をもつ遺伝子マーカーは病気と関連がある。なぜなら、一以外の値は、ゲノム上でこの遺伝子マーカーの近傍にその病気の発現と相関する遺伝的な要因の存在を示すからだ。

オッズ比の値が一よりも大きいマーカーの場合、その対立遺伝子は病気の「素因」である。

オッズ比の値が一未満のマーカーなら、それは病気に対して保護的に作用する対立遺伝子だ。

とはいえ、病気と遺伝子マーカーとの関連性を突き止めたからといって、そうした関連性が生理病理学的なプロセスにおいて何を意味するのかは必ずしも明らかでない。というのも、病気に関連する変異体のオッズ比は、その変異体を取り巻く遺伝的な要因の複雑さや、そうした複雑さが実際におよぼす影響を考慮していないからだ。

多因子性疾患のパンゲノム研究によって得られる情報は、とくにインターネット上で遺伝子検査サービスを販売している企業などが個人の発症リスクを計算するために使用している。

このようにして関連マーカーから個別に得られるオッズ比は、それらの影響があたかも独立しているかのように扱われているが、実際には、それらは複合的な構造のなかで相互作用を起こしている可能性がある。

たとえば、病気の素因になる、（あるいは保護的に作用する）対立遺伝子の組み合わせが隣接している場合や、病態の異なる段階に関与する対立遺伝子同士が離れている場合などだ。

このように、発症リスクの計算は相互作用を考慮しないことに加え、研究対象の病気が遺伝的に均質であることを前提にしている。だが、そのような前提で多因子性疾患の発症リスクを計算するのは無謀だろう。

最後に、オッズ比が高くても、病気に罹るリスクは低い場合があることを理解しておく必要がある。たとえば、セリアック病（グルテン不耐性）では、ある特定のＨＬＡ遺伝子型のオッズ比は二五を上回る。しかし、この遺伝子型はフランスではきわめて一般的であり、その遺伝子をもつ者が実際にこの病気を発症するリスクはかなり低い。

42　希少遺伝性疾患——遺伝子を見つけ、理解し、治療につなげる

遺伝医学のおもな研究目的は、ゲノムの相違がつくり出す病気の遺伝的な構造を理解することだ。遺伝医学が真っ先に対象にする分野の一つが希少遺伝性疾患だ。希少遺伝性疾患は、その語義からして非常に稀な病気だが（疾患頻度は二〇〇〇人に一人未満）、病気の種類はきわめて多い（八〇〇〇種類以上）。

したがって、集団全体では頻発する（フランスの症例数は三〇〇万件）重篤かつ複雑な病気である希少遺伝性疾患は、症状が多様であるため診断が困難である。つまり、遺伝学的な背景が非常に不均等なため高額な治療費が必要になるのだ。希少遺伝性疾患は、科学と人々の健康にとって深刻な問題なのである。

そこで遺伝性疾患を認定し、治療することが肝要になる。

フランスでは、こうした課題に取り組むために「希少疾患計画」が打ち立てられた。この計画の斬

新な点は、遺伝病の理解を深め、新たな治療法を開発するために、研究機関と医療機関の組織を刷新して統合することにある。研究機関と医療機関が統合すると、好循環が生み出されるのだ。

その流れは次の通りだ。

まず、臨床研究の方針を明確にするために患者を観察する。次に、病気のメカニズムを解明し、研究室においてメカニズム修復のためにそれらのメカニズムを再現する（モデル化）。そして革新的な治療法を開発して患者に研究成果を還元する。

希少疾患の原因遺伝子の同定はきわめて重要であり、決定打になることもある。原因遺伝子が同定されるたびに、われわれの生物学に対する理解は深まり、異なる分野の独創的な治療法に思いをめぐらせることができる。

遺伝学においても、患者は健常者の生理を理解するためのモデルになる。これはクロード・ベルナール〔一九世紀のフランスの生理学者〕が提唱した近代的かつ実験的な医学の原則である。

希少疾患の特徴がより一般的な病気と部分的に共通している場合では、前者は後者のモデルにもなる。

たとえば、代謝系の異常をともなう希少疾患は、2型糖尿病の原因解明につながる可能性がある。また、骨密度が亢進する希少疾患は、その逆の病態であるごく一般的な骨粗しょう症などの病気の原因を解明するヒントになるだろう。

希少遺伝性疾患をめぐる課題は依然として山積している。まだ半分の遺伝子しか同定されていない

のだ。(1)

しかしながら、勇気づけられる成功例も数多くある。希少性、家族に関する情報不足、研究者の無力感から「みなしご病」と呼ばれてきた病気についても治療の希望がもてるようになったのだ。

だが、同じ病気でも遺伝学的な背景が異なる場合や、異なる病気でも似た症状が表れる場合があるため、現状では研究は相変わらず難航している。

そのような事情から、とくに医学の遺伝病の分野では、患者のＤＮＡをシークエンス解析［▼44］する画期的な技術が利用されている。

総括すると、希少遺伝性疾患の研究は始まったばかりであり、きわめて重要な課題が数多く残されている。

まずは正しく診断し、遺伝カウンセリング・サービスを提供し、患者の家族を支援することが重要だ。そうすることによって、少なくとも診断がつかない期間は短縮されるので、患者が妄想に苦しむのを防ぐことができる。

こうした手順を踏んでいけば、希少遺伝性疾患の分野での研究および画期的な治療の確立を目指すフランスの国家計画（世界最良のモデルの一つ）は、確固たるものになるだろう。

（1）Genatlas のオンライン・データベース www.genatlas.org を参照のこと。

43 よくある病気（コモンディジーズ）

一般的な病気（肥満、糖尿病、高血圧、脳卒中、高コレステロール血症、代表的ながん、認知症など）の原因は、ほとんどの場合、まだわかっていない。

このような状況において長らく唱えられてきた解釈は、「遺伝的な要因は数多く存在する。それぞれの要因が軽微な影響を独立しておよぼし、これらの影響が累積する。だが、遺伝的な要因が相互作用を起こしたり、環境的な要因と作用したりすることはない」というものだった。

言い換えると、これが多因子遺伝モデルだったのだ。つまり、表現型は（病気の場合、発症するか否かに分かれるので）定性的だが、糖尿病では血糖値、高血圧では血圧値などのように、一般的に定量的に測定可能だという仮定である。

このような仮定に基づき、ゲノムワイド関連解析が行われている［▼38を参照］。しかしながら、ほとんどの一般的な病気の場合、このような仮定は実証されたことがなく、さらには根拠もない。

たとえば、感染症の場合、純粋に環境に起因すると思われがちだが、感染症に罹りやすい、あるいは逆に罹りにくいという遺伝的な要因が作用することがあり、こうした遺伝的な要因は細菌やウィルスに接して初めて明らかになる。

感染症の例とは反対に、２型糖尿病の遺伝的なリスク要因をすべてもつにもかかわらず正常体重で家族歴のない個人が糖尿病に罹る確率は、遺伝的なリスク要因をもたないが自身が肥満で家族歴のある個人が糖尿病に罹る確率よりも低い。

これらの事例からも、遺伝要因と環境要因の相互作用があることは明らかだ。しかしながら、多因子性遺伝〔▼35を参照〕におけるゲノムワイド関連解析の基盤となる先述の仮説では、こうしたことは考慮されていない。

44 シークエンシング〔ヌクレオチドの塩基配列の決定〕とバイオインフォマティクス〔生命情報科学〕

DNAシークエンシングの能率は、五年前と比べると一〇〇〇倍に向上した。二〇一六年には数万人のヒトゲノムの配列が読み取られた。これは「一〇〇〇人ゲノムプロジェクト」〔二〇〇八年一月に始まった国際的な研究プロジェクト〕をはるかにしのぐ規模だ。

このプロジェクトの目的は、複数のヒト集団から健康だと思われる人を選び出し、彼らのゲノム全体のDNA塩基配列を読み取ってヒトの遺伝的多様性の限界を探ることだった。

また、医療研究の分野でも、次世代シークエンシング〔NGS：*Next-generation sequencing*〕によってすでに飛躍的な進歩があった。たとえば、希少疾患の原因遺伝子や、コモンディジーズ〔よくある病気〕の原因となる遺伝子変異を迅速に同定できるようになったのである。

これらの進歩によって、遺伝学には三重の圧力が加わる。

一つめは、今日の遺伝医学の基本である標的を定めた解析よりもゲノム全体をシークエンシングするほうが容易になるだろうということだ。

二つめは、DNAシークエンシングにかかる費用の急落である〔全ゲノム配列を一〇〇〇ユーロ以下で読み取れる日が訪れるかもしれない)。

そして三つめは、単なる採血や唾液の採取によっていとも簡単にわれわれの遺伝情報を得られることだ。

これら三つ条件が混ざり合うと、個別化ゲノム医療の研究に追い風が吹き、こうした医療に対する期待が高まると同時に、金儲けの誘惑に負けて医療が逸脱する恐れがある。そうなれば、社会、教育、規制に関する秩序が問われることになるが、幸いなことに現在までのところ、まだそのような事態には至っていない。

大量の分析結果やデータが今後も医療の発展に資するようにするには、われわれはどうすればよいのか。

まず、われわれがなすべきは生命情報科学分析である(これはシークエンシングの費用よりもはるかに高額だ)。というのは、生命情報科学分析抜きでは、これらの塩基配列データは何の意味もなさないからだ。すなわち、ただの「解析結果」と「情報」はまったく異なる概念なのだ〔塩基配列を読み取ったところで、その意味がわからなければ医療の役に立たない〕。

45 候補(遺伝子)

研究対象の表現型や病気の原因は遺伝子の変異だという考え(あるいは期待)において、こうした遺伝子は候補遺伝子とみなされる〔病気に関連するのではないかと予想される遺伝子のこと〕。

今後の研究は、さらに特異な表現型を対象にする（希少疾患のなかでも比較的発生率の高い病気の解析はすでに完了した）。

よって、次に掲げる事実を受け止めなければならない。すなわち、タンパク質をコードするおよそ一万八〇〇〇個の遺伝子が、メカニズムのまだわからない四〇〇〇種類から五〇〇〇種類の稀な遺伝病の候補遺伝子になる可能性があるということだ。

何百種類のよくある病気「コモンディジーズ」についても同様の状況であることは指摘するまでもない。では、いかにして候補遺伝子を絞り込めばよいのか。

最初の手がかりは遺伝子の機能だ。つまり、遺伝子がコードする物質、とくにタンパク質の性質である。それらのタンパク質の役割を把握することが病気を解明する第一歩だろう（たとえば、脂質代謝障害の候補遺伝子は、コレステロール代謝酵素をコードする遺伝子である可能性が高い）。

また、遺伝子の発現領域に関する論証も重要かもしれない［その遺伝子が身体のどの組織（心臓、肝臓、腎臓、脳、骨格筋など）に、どの時期（胎児、子供、大人）に発現するのかも、遺伝子の機能と疾患を結びつける手がかりになる。たとえば、腎臓内で血液をろ過する糸球体の基底膜の緻密層は、おもにⅣ型コラーゲンから構成されている。このコラーゲンのα鎖の遺伝子変異をもつと、腎臓のろ過機能が破綻し、アルポート症候群という早期から血尿を呈する腎炎が引き起こされる］。

だが、重要度は研究領域によって異なるだろう。たとえば、発達時の限られた時期にだけ発現する領域は絶好の指標になる場合がある。

その一方、神経遺伝学では、ある遺伝子が脳内に発現するからといってそれが候補遺伝子だと断定することはできない。なぜなら、脳内では私たちの遺伝子の半数近くが継続的に発現するからだ〔脳内では非常に多くの遺伝子が発現しており、かつそれぞれの発現パターンは変動する。そのため、たとえば遺伝性の精神疾患の原因遺伝子を探そうとしても、脳内に発現しているというだけでは候補が多すぎるだけでなく、その機能の類推も困難である〕。

さらに、遺伝子ノックアウト〔特定の遺伝子やその機能を欠損させる遺伝子工学の技法〕も効果を発揮する。とくに、ヒトの病気の表現型と酷似するモデル生物の場合では、ノックアウトした遺伝子がこれらの病気の候補遺伝子になる〔例：遺伝性の知的障害である脆弱X症候群は、FMR1遺伝子にコードされるタンパク質が正常に合成されないことが原因だと考えられている。FMR1遺伝子をノックアウトしたマウスには、過活動や記憶障害などの行動異常が認められる。この脆弱X症候群モデル・マウスは研究に広く利用されている〕。

次に、遺伝子の染色体における位置（遺伝子座）だ。この情報だけからは何もわからないが、ある遺伝子が病気の遺伝子座の位置（病気の原因になる遺伝子座）に近いのなら、問題の病気を説明する際には、その遺伝子が元凶だと推定してもよいかもしれない。

最後は、遺伝子の変異だ。遺伝子の変異によって候補遺伝子を割り出すには、数多くの遺伝子あるいはタンパク質をコードするすべての遺伝子の配列の変異を、仮説を立てずに実験だけに基づいて徹底的に調査するハイスループット塩基配列解読という新たな手法を用いる〔▼67〕。ある遺伝子の有害と思われる多くの変異が血縁関係のない患者たちに蓄積しているのなら、当然ながらこの遺伝子が問題の表現型を説明する際の有力候補遺伝子になる。

つまり、候補遺伝子は遺伝子にかけられる疑惑を組み合わせる作業を通じて割り出されるのである〔訳者もまた、機能未知なタンパク質を解析するために遺伝子ノックアウトの手法の恩恵に与った生物学者の一人だ〕[1]。われわれヒトを含む脊椎動物が筋肉を自在に動かせるのは運動ニューロンと呼ばれる神経細胞と骨格筋がつながっているからだ。一方、XXV型コラーゲンというタンパク質をコードする遺伝子をノックアウトしたマウスでは、運動ニューロンと骨格筋がつながらず、呼吸に必要な筋肉も動かせなくなるため、マウスは呼吸困難によって死んでしまうことがわかった。後に、この遺伝子の変異が原因で生じる神経障害による、先天性の麻痺性斜視に悩む家系が報告された〔常染色体潜性遺伝の疾患〕[2]。

（1）Tanaka et al., J Neurosci. 2014 Jan 22;34(4):1370-9.
（2）Shinwari et al., Am J Hum Genet. 2015 Jan 8;96(1):147-52.

46 遺伝子治療

遺伝的疾患の原因は、〔遺伝子の突然変異などの〕ゲノムの変化による遺伝子の機能不全に関連している〔▼51を参照〕。臨床症状は、そうした遺伝子がつくり出す異常なタンパク質やこのタンパク質の欠損によって生じる。

したがって、遺伝的疾患の治療にはいくつかの段階があり、段階ごとにさまざまな困難に直面する。

（1）病気の症状に対処する段階。つまり、「従来型」の外科治療などの一般的な医療。

（2）タンパク質の不足を緩和および補正する段階。そのためには、原因となる遺伝子やその突然変異に関する個別の知識が必要。
（3）遺伝子自体を治療に利用する段階（ようするに、遺伝子治療）。
（4）ゲノムの異常を修正する段階。だが、今日ではまだ実現不可能〔近年、CRISPR―Cas9システムを応用したゲノム編集技術によって、モデル生物などで実現されようとしている（二〇一九年時点）〕。

つまり、遺伝的疾患の治療には、病気の病態生理を理解することが必要不可欠なのだ。とくに、技術革新が期待できるだけに、遺伝子の異常による影響を考慮することは欠かせない。

従来型の医療でも先天性代謝異常の病気の場合、有害物質の生成原因が食べ物にあるのなら、病理的な症状は、食事療法によって回避できる。さらには、欠失するタンパク質や酵素を活性化する薬を投与すれば臨床徴候が現れるのを予防できる。たとえば、酵素補充療法、酵素を活性化させるための薬物療法、アナログ療法〔酵素と基質の結合状態（遷移状態）を模倣した構造をもつ化合物は、遷移状態アナログと呼ばれ、抗HIV薬のプロテアーゼ阻害薬など、強力な酵素の阻害剤として利用されている〕などである。また、多くの遺伝的疾患では臓器移植（肝臓、腎臓、骨髄など）が行われている。というのは、移植片は欠陥のあるタンパク質を補うだけでなく、そのタンパク質を長期にわたって産生するのに必要な遺伝情報ももっているからだ。

二〇年以上前から、遺伝子工学による製薬も可能になった。たとえば、遺伝子組換え微生物によって産生される、ヒトの組換えタンパク質だ〔目的のヒト由来のDNA断片を大腸菌などに導入することによって、通常、微量にしか発現しないタンパク質を大量に合成するなどの方法〕。組換えタンパク質を医療に応用した例として、抗凝血剤〔トロンビンの血液凝固促進活性を直接阻害するトロンボモジュリン製剤など〕やホルモン剤〔1型糖尿病に適用されるインスリン製剤など〕がある。

究極的には、ゲノムに関する知識によってさまざまな遺伝的疾患の治療法が確立されるのは間違いない。分子レベルで〔つまり、遺伝子レベルで〕病態生理学を解明するのだ。治療法の開発には、病気のメカニズムを正確に理解する必要がある。なぜなら、遺伝的疾患の原因は、遺伝子そのものではなく、その突然変異だからだ。

このように、遺伝子さらにはその突然変異から出発して創薬を目指す手法は、〔ペニシリンのように生理活性物質の発見からその作用機序を解明する従来の方法とは対照的に〕「逆薬理学」と呼ばれる。現在、生物学的な標的に関する正確な知識に基づく次世代の薬が逆薬理学的な手法によって開発されようとしている。

しかしながら、二〇〇〇年代以降、大きな注目を浴びたのは遺伝子治療だ。ちなみに、この分野で最初に成功を収めたのはフランスである(1)。

遺伝子治療では、タンパク質の合成を誘導できるDNA配列を細胞に導入する。よって、その潜在的な用途は幅広い。

たとえば、遺伝子の異常に関連する遺伝的疾患の緩和、細胞にDNAを導入することによる生物学的に有用な性質の付与〔形質転換〕、遺伝的に改変された細胞の自殺〔アポトーシスと呼ばれる自発的な細胞死など」の誘導、ワクチンのように機能する免疫原性タンパク質の産生促進などが考えられる。

（1）M. Cavazzana-Calvo, D. Debiais, *Les Biomédicaments*, Paris, Puf, « Que sais-je ? », 2011 を参照。

47 モデル生物

Pisum Sativum〔エンドウマメ〕、*Caenorhabditis Elegans*〔線虫の一種〕、*Saccharomyces Cerevisiae*〔出芽酵母〕、*Mus Musculus*〔ハツカネズミ〕、*Drosophila Melanogaster*〔キイロショウジョウバエ〕、*Xenopus Tropicalis*〔アフリカツメガエル〕、*Astyanax Mexicanus*〔ブラインドケーブフィッシュ〕、*Danio Rerio*〔ゼブラフィッシュ〕。これらの生物種は、遺伝学者のお気に入りである。遺伝学者はこれらの生物種を用いて病態生理学的な仮説や病気の治療に関する仮説を検証する。

前者の仮説では、たとえばヒトの病気に候補遺伝子の変異が関与するかどうかを探る。後者の仮説では、遺伝子の作用の抑制や、あるいは逆に補充療法による遺伝子の機能不全の代替を考察する。

メンデルの用いたエンドウマメ、シドニー・ブレナーの線虫、トーマス・ハント・モーガンとハーマン・ジョーゼフ・マラーのショウジョウバエなど、遺伝学者はこれまで実験生物学や、疫学的な研究成果といえるきわめて理論的な仮説に依拠してきた。これらのモデル生物を使った研究は、（動物愛護団体を刺激するつもりはないが）遺伝学における信頼性の高い研究にとって不可欠だった〔45項の「候補遺伝子」において説明したように、ある遺伝子の欠損が特定の病気に関連していることを論理的に実証するには、モデル生物を使った実験が有効だ。たとえば、遺伝子をノックアウトした状態では、その病気に関連した表現型が現れ、さらにそこに正常な遺伝子を導入すると、その病気が回復することを実証すればよい」。

遺伝学者が自分たちの「モデル生物」に信頼を寄せる理由は、進化の経過によってヒトのゲノム配列とは非常にかけ離れたものであるにしても、じつは大まかなところではよく似ているからである。たとえば、治療用スクリーニング〔病気のモデル生物に治療薬の候補になるさまざまな化合物を投与し、そのなかから治療効果のあるものを絞り込む作業〕のためにヒトの病気を再現することができる。ようするに、モデル生物を使って革新的な治療法になるかどうかを試すのである。

だからこそ、遺伝子を人為的に操作できる生物種のゲノム配列の読み取りが急務になり、これらをヒトのゲノム配列と比較したところ、コード領域の配列はきわめて高い確率で共通していることが判明したのである（タンパク質の数と質に関して、マウスとヒトの類似性はじつに九〇％以上）。ちなみに、非コード領域においても共通した配列が多数見つかっている。

また、モデル生物は、一八世紀のフランスをはじめとするヨーロッパの聡明な博物学者たちが自由闊達に研究した未完の業績の正当性を裏付けた〔ダーウィンの『種の起源』など、観察だけに基づく当時の進化論では、遺伝のメカニズムや遺伝子変異をうまく説明できなかった〕。

モデル生物を使った研究は、しばしばヒト遺伝学とは程遠い非常に基本的なアプローチを用いることになるが、過去の博物学者たちの研究を完成させるには不可欠である。

このような研究を扱う進化発生生物学（*Evolutionary developmental biology*、通称EvoDevo〔エボデボと発音）という学問も誕生した。ヒト遺伝学に関する進化学と発生学を混ぜ合わせた進化発生生物学の成功例には枚挙にいとまがない。

48 競争

どの研究分野にも競争は存在するが、遺伝学における競争はおそらく他の分野よりも熾烈だろう。というのは、遺伝学によって病態生理の解明が驚くほど容易になると思われているからだ。つまり、治療法どころか発症メカニズムさえわからない病気であっても、その病気における遺伝子の作用から革新的な診断法や治療法を思い描くことができると期待されているのだ。

さらには、遺伝子検査を受ければ自身の病気に関するリスクをすべて把握できるという幻想がはびこっているからでもある。

こうした予防医学によって、予防措置、経過観察、治療に的確に対処でき、健康保険もうまく利用できると思われているようだ。

しかも遺伝学の分野では、バイオ医薬品を製造する製薬業界は二〇年以上も増益を続け、企業の投資は続伸し、「〔医療機関を通さない〕消費者直販型」の遺伝子検査の販売は好調である。同時に、インパクトファクターでみた遺伝学の分野における科学雑誌の影響力も堅調に推移している。

たとえば、遺伝性皮膚疾患の原因遺伝子を同定する研究論文の場合、皮膚科学よりも遺伝学の著名な専門誌に掲載するほうが、被引用回数の指標であるインパクトファクターは、一般的に五倍から一〇倍は高くなる。

競争に負の側面があるのは確かだが、競争は研究の最も強力な原動力の一つである。競争によって協力体制が築かれることもあるからだ。とくに稀な病気に対する取り組みからは、有意な結論に達するには複数の研究チームが一丸となって努力しなければならないことがわかる。

患者の利益に資することこそが重要なのだ。

49 遺伝学をめぐる期待と幻影

二〇〇三年にヒトゲノムの全塩基配列の読み取りが完了すると、遺伝学に対する期待は高まった。

こうした熱狂のなか、ゲノムワイド関連解析（GWAS）を利用して患者群と対照群との遺伝的な変異の違いを体系的に研究するための国際的な学術ネットワークが構築された。

ところが、一五年間にわたって数多くの研究に大量の資金が投じられたが、ほとんどの場合、これらの大規模なプロジェクトは目標を達成できなかった。遺伝子や病気のメカニズムはあまり明らかにならず、信頼性の高い遺伝子検査を開発することもできなかった。

ようするに、投資家は莫大な損害を被り、医療現場に役立つ成果はほとんど生まれなかったのである。

このような窮地を覆い隠す際には、派手な煙幕を張るほうが世間の目をごまかせる。

こうして登場したのが「失われた遺伝率（*missing heritability*）」という概念である〔病気に関連するゲ

ノム領域はＧＷＡＳによって数多く同定されたが、それらすべてを合わせても遺伝率の一部しか説明できない。たとえば、アルツハイマー病では二三％、統合失調症ではたったの一％未満である〔1〕。

この便利な概念により、遺伝学のもう一つの大発見になるかもしれないエピスタシス（遺伝子間の複雑な相互作用が一つの形質に影響をおよぼすこと〔モデル生物では実証されているが、ヒトではほとんど明らかになっていない〕）への関心が高まった。現在、権威のある科学誌では、エピスタシスをめぐる議論がさかんに行われている。

だが、遺伝率が「失われる」ことなど、果たしてあるだろうか。あるとしても、それを定義して正確に測定することはできるのだろうか。あるいは、単にわれわれのモデルの組み立て方が間違っているだけなのではないか〔▼31を参照〕。

熱狂が渦巻く遺伝学がもたらした大きな失望は他にもまだある。たとえば、「個人の遺伝子地図」は（少なくともその人の健康に関する）将来を予測するはずだった。だが現在のところ、その精度はきわめて低いため、この試みは雲散霧消した。また、「あらゆる病気を治す遺伝子治療」の実現も疑問視されている。遺伝子治療の実現は容易だとの触れ込みだったが、これはきわめて複雑なアプローチであることがわかり、結局のところ、方法論的および概念的にも恐ろしく難解であることが判明したのだ。

もちろん、遺伝学がこれまでにもたらした偉大な業績を否定するつもりはないが、過大な期待は失望に帰すだろう。

遺伝医学に期待するのはもっともなことだが、根拠なき熱狂がはびこっている。いつの時代であっても、遺伝医学はこうした奇妙な重圧から逃れられないのかもしれない。

（1）So HC, Gui AH, Cherny SS, Sham PC. « Evaluating the heritability explained by known susceptibility variants: a survey of ten complex diseases ». Genet Epidemiol 2011; 35: 310-7.

50 テレソン

遺伝病の分野における基礎および応用の研究に大変革をもたらしたのは、フランス筋疾患協会（AFM）の発意によって一九八七年に始まった「テレソン（テレビジョンとマラソンの合成語）」というチャリティー番組である。

外国ではすでにお馴染みの企画だったが、フランスでは三〇年前から始まった。この大規模なチャリティー・テレビ番組により、フランス人の寛大な国民性が明らかになった。

ところで、筋疾患を患う子供をもつ親たちからなる小さなこの団体〔AFM〕は、いかにしてフランスの科学界や医学界に衝撃を与えることができたのか。というのは、人々の友愛精神に訴えるだけでは、これほどの資金は集まらなかっただろうからだ。親たちの大胆な行動、熱意、洗練された手法、組織力、地道な活動以外にも、この成功には何か特別な理由があったはずだ。

最も注目すべきは、遺伝病の子供をもつ親たちの団体の活動がわが子の命運を決めるという点にあったことだ。こうした点が彼らの活動を成功に導いたと思われる。

長期にわたる経済危機、失業、テロ事件などに直面しても、フランス国民は遺伝病の子供をもつ親たちのわが子を救いたいという切なる願いを無視しなかったのである。事実、毎年の募金総額は、当初の数千万ユーロから二〇一〇年代初頭には何度か数億ユーロにも達した（一九八七年の募金総額が一億八一〇〇万フラン〔およそ二七六〇万ユーロ〕だったことを思うと、数億ユーロも募金が集まるとは誰も予想していなかった……）。

当初、フランス筋疾患協会とテレソンは、筋疾患の治療研究に焦点を当てたが、二〇〇〇年代の初頭からは活動対象を筋疾患だけでなく稀な病気全般に拡大した。これが原因となって、しばしば誤った批判が寄せられた（「募金は、稀な病気のために利用されるはずなのに、筋疾患にしか使われていないのではないか」）。

しかし、テレソンが集めた募金は、一九八〇年代末には遺伝子地図の作成、一九九〇年代末にはゲノム配列の読み取り、そして近年開発された治療目的のウィルスベクターなどに投資されたことからもわかるように、筋疾患だけでなく稀な病気全般の治療法の開発に充当されたのである。

そして経済や研究の側面以上に様変わりしたのはフランスの医療をめぐる環境だ。

今後、医療サービスを求める患者の親族の団体に対して恩着せがましい視線が向けられることはなくなる。これらの団体は、医療従事者および研究者と協働する対等なパートナーになったのだ。彼らの協力がなければ、往々にして何事も進まなくなったのである。

患者は治療を施す対象というだけでなく配慮すべき存在になった。患者およびその家族が対等なパートナーになったからこそ、医師と患者の一対一の会話、治療方針に関する患者参加型の協議、さらには「専門知識をもつ賢い患者」などといったように、医療サービス・モデルは進化したのだろう。

第五章　病気のＤＮＡ

51　変異

遺伝学で頻繁に用いられる「変異」という用語には二つの意味がある。一つめは、遺伝情報の変化という意味である。突如として生じる、さらには実験によって引き起こされる変異は、われわれのゲノムに固定化されるため、遺伝するようになる。したがって、この変異は子孫に受け継がれる。

変異のもう一つの意味は、ヒトゲノムの参照配列と異なる場合だ（多様体）。これは表現型の原因になり、ほとんどの場合が病的な表現型、つまり、病気である。この二つめの意味において語られるのが「遺伝的変異」である。このとき、変異アレルは片親あるいは両親から受け継がれる。

一方、「新生突然変異」の場合では、（有害な多様体に限らず）両親はそうした多様体をもたず、その個人から初めて生じることを意味する。

実際に、医学における遺伝学者のおもな使命の一つは、診断さらには遺伝カウンセリングのために、特定の家族をはじめとする公衆が病気に罹る原因となる変異を突き止めることにある。

さらには、突き止めた変異が遺伝性のものか（その際は、患者の家族にこの変異が遺伝する可能性を伝える）、それとも新生突然変異なのかを探ることも重要だ。新生突然変異による病気の場合、血縁者が発症するリスクはないが、次世代には遺伝するかもしれない。

52 分子病理学――変異（続き）

分子構造の観点から見ると、「変異」という用語には非常に多くの意味がある。まず、ゲノムの影響を受ける領域などに生じる染色体の欠失や重複といった数の異常（いわゆる「ゲノム疾患」）という意味だ。

次に、一塩基置換によって生じる多様体、すなわち点突然変異という意味だ。この変異はタンパク質をコードする遺伝子の配列を変化させるため、往々にして表現型に影響をおよぼす。分子病理学は一九八〇年代から現在まで、これらの多様体の存在を明らかにするとともに、その多様体が原因でタンパク質が機能不全に陥る機構を究明するという偉業を成し遂げた。

分子病理学がこれほど盛り上がったのは、自然界には一つの遺伝子の発現を変化させる要因だけでも無数にあるからだ。その結果、研究の幅は、研究者たちの事前の予想をはるかに超えるほど多様化した。

そこで、分子病理学は、とくに遺伝子に影響をおよぼす変異を分類した。

たとえば、ミスセンス突然変異である。これは塩基配列の変化によって、タンパク質を構成するアミノ酸の配列のなかに変化が生じ、異常なタンパク質が合成される現象だ。

また、これとは対照的な短縮型変異である。これはタンパク質が全体的に著しく縮小ないし消失する現象だ。この現象では、塩基の欠失などによって、エクソンの読み取り部分がずれ（フレームシフト）、本来のエクソンとイントロンとの境界が変化する〔あるいは途中でタンパク質の合成を終了させる〕という変異が生じる。

遺伝病では、多様体の性質が決め手になる。もし短縮型変異であることを証明できれば、〔タンパク質の機能欠損によって病気が引き起こされたことと同じなので〕病気の表現型にその遺伝子が関与するという決定的な証拠になりうる。

これとは逆に、ミスセンス突然変異に至る点突然変異の場合は、〔タンパク質は合成され、存在するため〕遺伝子の変異がタンパク質にどのような悪影響をおよぼしたのかを証明しなければならない。

53 アレル異質性

アレル異質性は、同一遺伝子の異なる変異によって、表現型（臨床症状）に違いが生じることだ（広義では遺伝的異質性に属する）。すなわち、同じ遺伝子座に複数の変異アレルが存在することを示す。この場合、同じ症状でも、その度合いはさまざまだ。たとえば、同じ遺伝病であっても数百の変異アレルの存在が確認されている。

その典型例は、嚢胞性線維症である。この病気に関しては、現在までに一つの遺伝子座に一〇〇〇個以上の変異が見つかっている。このような遺伝病に対して、アレル異質性の概念は重要だ。というのは、遺伝子検査によって変異が見つかったとしても、その変異と症状の度合いとの対応関係はきわめて複雑かもしれないからだ。

遺伝病には、遺伝子型がホモ接合の病気（単一アレル）とアレル異質性をもつ病気がある。一般的に、前者は珍しく、後者のほうがはるかに多い。

そうは言っても、遺伝子型がホモ接合の病気には、鎌状赤血球症などのよくある病気も含まれる。このヘモグロビンの常染色体潜性遺伝の病気では、βグロビンのたった一つの変異によって鎌状赤血球の病的な表現型が現れる。この鎌状赤血球症は変異アレルのホモ接合体の例なのだ。つまり、すべての鎌状赤血球はこのアレルのホモ接合体によって生じ、逆もまた然りで、このアレルのホモ接合体はもれなく鎌状赤血球になるのだ。

アレルのホモ接合体は、顕性遺伝の病気の場合、どちらかと言えば機能増加による変異であり、たった一つのアレルがタンパク質に過剰な活動を促す。たとえば、軟骨無形成症の変異がこれに該当する（ディエゴ・ベラスケス〔一七世紀のスペインの画家〕の絵画に描かれている小人症の人物などに見られる遺伝型）〔軟骨無形成症は、線維芽細胞増殖因子受容体3（FGFR3）遺伝子の点変異によって引き起こされる〕。

アレル異質性は、一般的に、タンパク質の機能喪失の指標である。遺伝子発現の消失や低下を促す機構は、（機能増加の変異とは反対に）多様である可能性があるからだ。たとえば、あらゆる種類の短縮型変異、たとえばナンセンス突然変異、フレームシフト、ＲＮＡスプライシング（転写されたＲＮＡからイントロンが除去され、エクソン同士が結合すること）領域における変異、そして同一遺伝子座に起こりうる無数のミスセンス突然変異などが挙げられる。

アレル異質性に関しては、遺伝学者は患者の民族的な出自を考慮に入れる必要がある。患者が示す表現型だけでなく、その人の地理的な出自によって遺伝子検査の判定や手法を患者に見合ったものにする必要があるのだ。というのは、特定の遺伝子座における変異アレルの有無の予測値は、患者の出自のヒト集団に集中するアレルの出現率に従って変化するからだ。

したがって、ヒト集団の遺伝的な推移や歴史を研究する上でも、アレル異質性は重要な概念なのだ。

54 遺伝的異質性

遺伝的異質性とは、異なる遺伝子（異なる染色体に位置することが多い）の変異に同じ病名がつけられるとき、つまり、表現型が区別できない場合のことだ。

遺伝的異質性は、アレル異質性（同一遺伝子のさまざまな変異が同じ表現型を促す場合）と遺伝子座の異質性（狭義の遺伝的な異質性、座位異質性とも呼ばれる）に分類できる。

遺伝子座の異質性は、われわれの直観に反するかもしれないが、実際には一般に思われている以上に実例が存在する。

次に掲げる病気には、非常に多くの数の遺伝子が関わっている。感音難聴（今日まで八四個）、心筋症、網膜色素変性症、神経変性疾患などである。そして痙性対麻痺には、五〇個の遺伝子座が関わっている〔異なる原因遺伝子が同じ症状を呈するため、臨床症状だけから原因遺伝子を決定するのは難しい〕。しかし、そのような複数の原因遺伝子が同じシグナル伝達経路や代謝経路など、同一の領域で協調的に働く場合、そこには何らかの意味があるのかもしれない。

このような状況は、同じ病気でもさまざまな発症メカニズムがあるときに明らかになる。さらには、段階の異なる症状にまとめて適用できる治療法が見つかるきっかけになるかもしれない。

遺伝子座の異質性は、多因子遺伝の遺伝形式と区別されるが、多因子遺伝は異質性と無関係ではない。それどころか、多因子遺伝病の構造に関する近年のデータからは、個人の遺伝子座には、きわめて大きな異質性があることがわかっている。

また、ある病気がその原因遺伝子に応じて顕性あるいは潜性の遺伝形式に従うなど、遺伝子座の異質性は、遺伝継承モデルを左右するかもしれない。

このように、遺伝的異質性は、病気の遺伝子座で見つかる稀な遺伝子変異が表現型に寄与すると断定する際の大きな困難である。

ところが、遺伝的異質性と遺伝子変異の関係をはっきりさせることこそが、出産直後（さらには出産前）の診断の際に行う遺伝子検査や遺伝カウンセリング（これらは互いに密接に関係している）の質を左右する絶対条件なのである。

55 多面発現

多面発現または表現型の異質性とは、一つの遺伝子が同時に複数の形質や表現型を決定することである。

たとえば、ある遺伝子の変異による表現型は、複数の機能が変化し、それらが組み合わさったものを反映しているかもしれないのだ。

よく起きるこうした現象は、いくつかのメカニズムによって説明がつく。

たとえば、一つの遺伝子が発達段階の異なるさまざまな組織に発現するというメカニズムである。

あるいは、一つの遺伝子から複数の異なる産物が生み出される場合だ。とくに、さまざまなメッセンジャーRNAから異なるタンパク質が合成される場合である（選択的スプライシングと呼ばれ、RNAスプライシングの過程で特定のエクソンをとばすため、複数種のタンパク質が産生されること）。このような異種タンパク質は、わずかに産生される場合もあれば、多く産生されることもある。

狭義の医学的な意味合いでは、多面発現とは、たった一つの遺伝子の変異が先述のメカニズム（たとえば、同じ遺伝子座における機能の増加や消失の変異によるタンパク質の活性化および不活性化）に応じてさまざまな病気の症状が現れるという異質性の形式である。

これは遺伝的異質性と対をなす概念だ。すなわち、一つの病気に対して複数の遺伝子（遺伝子座の異質性）、そして一つの遺伝子に対して複数の病気（表現型の多面発現）である。

これは多因子遺伝の形質の遺伝とは明確に区別される。多因子遺伝の場合、たった一つの形質は複数の遺伝子のまとまった作用に依存する。一方、多面発現はたった一つの遺伝子の作用に関することであり、この作用に複数の形質の発現が依存するのである。

56 核型

核型《かくがた》とは、染色体を数え（ヒトの場合、通常は四六本）、分類し、その構造を分析して図などにまとめたものだ。

一九二〇年に遺伝の染色体説が確立された後、染色体の数は一九六〇年代末まで論争の対象だった。マルト・ゴーティエ、ジェローム・ルジューヌ、レイモン・ターパン〔三人ともフランスの医師／研究者〕は、ダウン症候群の子供の体細胞には染色体に異常があることを発見した。この発見により、ダウン症候群は21トリソミーと呼ばれるようになり、遺伝医学は重要な一歩を踏み出した。すなわち、先述の三人は一部の病気や症候群の表現型の原因が染色体の数や構造の異常にあることを突き止めたのである。たとえば、猫鳴き症候群の場合では、五番染色体の短腕の部分欠損に原因があることがわかった。ヒトゲノムの構造の変質と病気が、実験的および生物学的に初めて関係づけられたのである。

染色体や細胞に関する遺伝学は、ゲノムを包括的に観察できる唯一の方法であるため、遺伝医学にとってきわめて重要になった。近代的な手法でも遺伝物質の欠失あるいは増加しか検出できないので、核型はとくに転座（染色体の断片同士の交換）を突き止める際には現在でも威力を発揮する〔各染色体の長さと染色によって生じる縞の位置から、転座が起こっているのなら、それがどこなのかを突き止めることができる〕。

そうは言っても今日、比較ゲノム・ハイブリダイゼーション（CGH）などの最新の手法は、得られるほとんどの情報において核型に勝るため、全ゲノムシークエンス解析が臨床現場に用いられるようになれば、核型を完全に凌駕するだろう。

57　CGHとゲノム構造の異常

今日、核型分析の千倍から一万倍の解像度をもつ「比較ゲノム・ハイブリダイゼーション（CGH）」は、ゲノム構造の異常〔がん細胞に見られるような、コピー数の異常〕をゲノム全体から検出することができる代表的な手法である。

従来の核型分析では、欠失（染色体物質の欠失）や重複（染色体物質の増加）といったゲノム構造の異常は、およそ三メガベース（DNAの三〇〇万塩基）を超えないと確認できなかった。

だが今日では、それらがわずか数十キロベースであってもCGHによって検出できる。自動装置化されているので時間の節約にもなる。さらに、わずかなレベルで起こるモザイクなどの染色体異常を検出することもできる。このようにしてCGHは、ほぼすべての遺伝情報の分析において核型分析の地位を奪った。

ところが、DNAの研究に基づくゲノム分析のあらゆる包括的な手法と同様に、CGHもまた、自らの成功がもたらした新たな問題に直面している。それは、解像度が増せば増すほど、得られる生物情報も複雑さを増すため、バイオインフォマティクスによる分析［▼44］には注意を要するという問題だ。

たとえば、次のような疑問だ。短いゲノム領域で見つかる多様体（変異体）について考察する際、それらの多様体は、DNAの塩基配列の大半の多様体のように良性で瑣末なものなのか。それとも、病気と関係するものなのか。こうした疑問はますます増えるが、答えはきわめて複雑である。観察された多様体が異例さらには新奇なもの（新たに見つかったもの）だと、データベースに蓄積された知識では対応できないこともある。ヒトゲノムには構造多型が存在するため、三〇〇キロベース以上のDNA断片は、病気を引き起こすことなくヒトゲノムの発現の多様性（個人差）に関与するだけのコピー数の多型（一個、二個、三個、六個など）である可能性もあるのだ。

このようなゲノム構造の多型が「CNP（*copy number polymorphisms*）」であり、稀な多様体は「CNV（*copy number variations*）」と呼ばれる〔日本語では、両者とも「コピー数多型」と翻訳される〕。ただし、CGHにも限界はある。数キロベースの解像度を誇るものの、一塩基レベルのDNA分析と連携させる状況には程遠いのが現状だ。

だが、DNAの塩基配列の分析とその構造の分析を統合する手法は発展を続けている。この発展にともない、ヒトのゲノム構造の多様性と同様に、DNAの一塩基の多様性（SNP）も明らかになってくるだろう。

58 変異率

ヒトゲノムを改変および多様化させる変異を起こすメカニズムは、大まかに言って無作為だ。変異が生じる頻度は、物理的および化学的な要因（突然変異の誘発要因）を使って実験的に高められるとしても、個人およびその生殖細胞レベルでのリスクの高い変異は、きわめて例外的な状況（例：放射線被爆）においてのみ観察できる。

他にも変異が起きやすくなる要因には、ゲノムの構造やその配列がある。たとえば、アミノ酸の一種であるグルタミンをコードするDNAの重複配列（ポリグルタミン）がこれに該当する。そしてグルタミン鎖の異常伸長は、神経変性疾患の原因になることがわかっている〔ハンチントン病などのポリグルタミン病〕。

ゲノムの脆弱な領域にも変異が生じやすい。これらの領域は類似性が高いため、減数分裂時に偶然よりも高い確率でゲノム構造の再編成を促す。また、受胎時の両親の年齢〔▼59〕も突然変異の誘発要因だ。

ところが、ヒトゲノムの変異率は、どの領域であってもあまり変わらない。そして誰でもほぼ同じなのだ。

変異率の推定値は、ひと世代について一塩基あたり1.2×10^{-8}個の変異である。細胞分裂ごとに三〇億個の塩基を複製するという途方もない作業からすると恐ろしく低い数値と言える。

きわめて低い数値とは言え、ゲノムの大きさは巨大なので、この低い変異率であっても、配偶子を生み出す減数分裂のたびに、この過程から生まれる子供には数十個の新たな変異が現れる。

これこそがヒトゲノムをめぐるパラドックスである。すなわち、塩基の複製過程は恐ろしく正確だが、ゲノムを構成する塩基の数はきわめて莫大なので一定の確率で変異がゲノムに蓄積する可能性があるということだ。

59 両親の生殖時の年齢と変異

変異のメカニズムが偶然の産物だとしても、ヒトゲノムの変異率を全体的に高めるありきたりな要因は存在する。それは生殖時の両親の年齢である。

この概念はしばしば「女性だけ」というように誤って解釈されている。女性は三八歳か四〇歳になる前に子供をつくるほうがよいとわかっている（世間は女性に対し、遠慮なくそう示唆する）。この年齢区分を超えると、染色体の数が異常になるリスク（とくに染色体数が三本となるトリソミー）は、女性の減数分裂における染色体の不分離のリスクの上昇によって高まり始めるからだ。

生殖時の両親の年齢は変異のリスクに関わる。これは女性だけでなく男性についても該当するが、世間は、男性の年齢リスクについてはあまり語らない。

生殖時の両親の年齢が上がると、ゲノム全体における点突然変異率は確実に上昇する。それは神経線維腫症や軟骨無形成症などの顕性突然変異をもつ子供の父親の年齢に注目すると明らかになる。

その理由はわかっている。成熟した精子をつくり出す精原細胞の幹細胞の細胞分裂の総回数は、〔思春期以降〕毎年二三回ずつ増加するからだ。

たとえば、二〇歳の若者の精子はおよそ一五〇回の細胞分裂の産物だが、四〇歳の男性の精子はなんと六一〇回もゲノム複製されており、そこには当然ながらいくつかの間違い、すなわち、変異が生じることになる。

こうした観察を裏付ける研究がある。両親とその一人の子供を対象に全ゲノム解析を行ったところ、両親との関連から子供がもつ点突然変異の数はおよそ七〇個から八〇個だった。それらの変異の四分の三は父親由来のゲノムに生じており、この変異率は父親の年齢とともに高まることがわかったのである。

したがって、生殖時の父親の年齢が変異率を高めるという現象を正しく理解する必要がある。高齢の男性が変異による遺伝病の子供をもつリスクは、子供を欲しいと願う四〇歳を超えた女性がとるリスクと同じくらい高いのだ。

だが、世間はこうしたリスクをきちんと把握しているだろうか。これは男性優位主義の最後の砦かもしれない。

60 神経遺伝学

神経疾患の遺伝的な決定要因を研究するのが神経遺伝学である。神経変性疾患、脳卒中、てんかん、知的障碍、筋疾患など、脳や神経に関するこれらの病気は、きわめて範囲が広い。その原因メカニズムは数多くあり、生物学的な要因が働いているもの、また遺伝性のものもある。

たとえば、すでにわかっている生物学的な原因メカニズムには、代謝異常、血管の脆弱化、血液の凝固異常、細胞内タンパク質の過剰発現があり、ほとんどの知的障碍の原因メカニズムには染色体の新生突然変異がある。そして遺伝によって発症する病気には、メンデル遺伝性疾患やミトコンドリア病〔ミトコンドリアDNAの点突然変異が原因である場合は母系遺伝する〕がある。

神経変性疾患であるハンチントン病は、神経遺伝学を象徴する病気である。顕性遺伝と完全浸透という特徴により、この病気による精神錯乱は遺伝病だとわかり、そして〔一九九三年に〕ポジショナル・クローニングという技術によって、原因はHTT〔ハンチンチン〕遺伝子の変異だと判明した。原因遺伝子が見つかり、この遺伝子がコードするタンパク質がわかったのである。

原因遺伝子であるハンチンチンは、脆弱X症候群に関わるFMR1遺伝子とともに「トリプレット病」の学問領域の開拓に寄与した。減数分裂の際のトリプレット〔三塩基の繰り返し配列〕が伸長すると、次世代にこの病気の症状が現れる時期は早まる。これが表現促進現象である。

ハンチントン病をきっかけに、今日では治療法が確立されていない重篤な病気に罹った際のリスクをあえて知りたいと願う、こうした病気に罹る傾向の強い人のために、遺伝子検査の詳細な形式がつくり上げられた。
このような予防医療のもつ倫理的な問題が生じた典型として、ハンチントン病は神経遺伝学の代表例でもあるのだ。

61 がん遺伝学

「一部の家系に若年性のがん患者が多発するのはなぜか」という疑問はかなり以前からあった。この疑問に答えられるようになったのは三〇年くらい前からだ。家族性がんに関する疑問が明らかになったのは、とくに遺伝疫学の研究、分離の法則や遺伝的連鎖の発見、そして遺伝子のシークエンス解析のおかげである。変異あるいは病気の原因になる多様体（変異体）であるがんの要因になる遺伝子が五〇個以上も見つかったのである。したがって、個別化されたゲノム医学や予測医学にとって、がん遺伝学はきわめて重要なのだ。

一九八六年にステファン・フレンドが発見したＲＢ１遺伝子により、がん遺伝学の領域は広がり、「がん抑制遺伝子」という概念が登場した。

網膜芽細胞腫（悪性眼内腫瘍）に罹った子供の半数は、ＲＢ１遺伝子の定常的な（生殖細胞における）突然変異のヘテロ接合の持ち主だった。この異常の原因は、両親の片方から受け継いだか、両親の片方の配偶子［▼19］あるいは受胎直後に発生した新生突然変異である。

ところが、網膜細胞の癌化（網膜芽細胞腫）が誘発されるのは、ＲＢ１遺伝子の最初の（片方の）変異アレルに加えて、もう一方のアレルにも変異が入る場合だ。以上から、遺伝性の網膜芽細胞腫はメンデルの顕性の法則に従って遺伝し、腫瘍が発生するには両アレルの変異が条件になることがわかる。そのため、兄弟姉妹をはじめとする血縁者の検査では、RB1遺伝子の先天的な変異の特定が欠かせない。

肺がんを除く発生頻度の高いがんが多発する家系の研究により、メンデル型の遺伝形式（ほとんどの場合、顕性遺伝）をもつ発症リスクの比較的高い問題遺伝子が特定された（相対リスク3以上）[1]。これらの遺伝子の変異が原因となって発生頻度の高いがんに罹る確率は一〇％未満だと見積もられている。

このように、発症リスクをわずかに高めるにすぎないため、病気を引き起こす恐れのあるこれらの遺伝子と、発症リスクを高める要因を切り分ける必要がある。だが、今日まで、そうした要因の研究が特定の治療法の開発に結びつくには至っていない。

問題遺伝子の変異の特定は、遺伝カウンセリングという枠組みで行われ、検診や予防措置を促す。問題遺伝子の新たな特定に加え、腫瘍の発生リスクを変化させる要因を突き止め、個人ごとのリスクを割り出して個別の治療法を確立しようとする研究が進行中である。

本来、がん遺伝学は、腫瘍が発生する過程に起きる遺伝的な変化に関する研究とは別物だ。後者は体細胞遺伝学であり、そのおもな役割は、新たな治療標的を特定することである。

しかしながら、がん遺伝学と体細胞遺伝学の融合は進んでいる。というのも、体細胞遺伝学による変異の特定や、この変異によって変更されるシグナル経路などの、より特異的な〔副作用の少ない〕治療標的が明確になるからだ。

（1）*Nature Reviews Cancer*, volume 17, pages 692–704 (2017)

62 精神医学と遺伝学

精神疾患のおもな特徴は、社会的なつながりの異常、精神的な不安、学習や認識に関する障害、強度の依存症になりやすい性質などである。

発症メカニズムは多様であり、先天的なものや環境〔そこには家族関係や日常の出来事が加わる〕によるものがある。しかも、環境要因によってはエピジェネティクスのメカニズムによって引き起こされると考えられるものがある。

神経画像検査の技術〔脳の活動を画像として可視化し、計測すること〕や遺伝学の研究が発展したおかげで、ヒトの頭脳は完全なブラック・ボックスではなくなった。

ところが、〔精神疾患の遺伝の解釈をめぐって〕遺伝学の専門家は、精神医学、とくに精神分析の専門家と見解を異にしており、こうした緊張関係は近年になって甦った。とはいえ、精神分析で扱われる親子関係の概念〔フロイトの「ファミリー・ロマンス」〔子が家族に対して理想的な空想を創り出すこと〕〕と遺伝との間には、何らかの関係があるのは確かだ。

いずれにせよ、精神疾患の発症リスクに遺伝要因が関与していることは明らかだ。というのは、精神疾患の発症一致率は、二卵性双生児より一卵性双生児の間でのほうが高いことが、かなり以前からわかっているからである。

遺伝疫学的な研究では、メンデルの法則に当てはまる要因は見つからなかった。反対に、関連解析では、さまざまな病気（自閉症、広汎性発達障害、統合失調症、双極性障害）に共通する要因が見つかった。リスク要因は精神疾患を理解し、将来的には治療法を見出す手がかりになるとしても、これらのリスク要因を利用して精神疾患の発症を予測する際は、慎重でなければならない。

ところで、「天才の特徴」〔▼91〕と思われる行動など、極端な行動に関与する要因だって存在するのかもしれない〔芸術的な才能と精神疾患、それぞれの要因に関わる遺伝子が根源的には共通しているとの報告もある〕[1]。

（1）*Nature Neuroscience*, volume 18, pages 953–955 (2015)

63 診断を告げる際の注意事項

子供に遺伝病の疑いがあり、ましてや家族のなかにこの遺伝病に罹った者がいる場合、両親は医師の診断を求めることになる。専門医による診察、レントゲン、遺伝に関する総合的および標的を絞った検査が実施される。診断を下す過程はしばしば複雑であり、患者とその家族が診断結果を正しく把握することは難しい。

ほとんどの場合、両親は遺伝学者の提示する診断に納得するとしても、こうした診断の解釈と理解度は人によって異なる。これは告知時期によっても変わってくる。実際に、医学的な論証と両親が抱く疑問との間には大きな隔たりがある。ようするに、「言葉の意味の取り違え」である。

母親へ診断結果を告げる際は、染色体の異常や病気の症状だけでなく、遺伝子検査の結果からは理解しにくい、病名、原因、病気の見通し、治療法、社会保険制度、治癒率などを説明する必要がある。さらに、診断を下してほしいという強い要望があった場合でも、診断の告知が患者とその家族に大きな精神的ショックを与えることを心得ておくべきだ。彼らは自分たちが断罪されたのではないかと狼狽することもある。

したがって、遺伝学に関する診断告知は、心理学者や精神科医などとともに、じっくりと行うべきだ。その際、両親からの質問に対して、質問の内容によっては控え目にではあっても具体的に回答し、茫然自失の状態の両親から、幻想、不安、罪悪感を取り除く努力をしなければならない。

次に掲げる三つの要因を強調する必要がある。（1）病気の見通し（遺伝病の推移は計り知れないだけに、患者とその家族は病気が治るという根拠のない予測に流されてしまわないこと）、（2）正確な診断につながる、客観性の高い遺伝カウンセリングの存在、そしてさらに（3）これまでの臨床研究の成果である。

臨床研究が実施する治療プログラムに参加すると、患者とその家族はさまざまな形で病気に関する正しい知識が得られ、患者の集団が形成されるので治療を正しく評価でき、病気の経過観察にも役立つ。そして医療や教育などにかかる負担に対して最適な公的支援を得やすくなる。

第六章　診断と遺伝カウンセリング

64　遺伝子系図

小さな四角が男性、小さな丸が女性、黒塗りが罹患者、線で消されたのが死者。これが遺伝カウンセリングの最初に登場する遺伝子系図〔に用いられる記号〕である。家系の病歴を調べる臨床遺伝学者が真っ先に使うこの道具は、自分の家系に同じ病気に罹る者が現れるのではないかと恐れる相談者にそのリスク要因を明らかにする。

遺伝学者が相談者の一族のプライバシーの領域に踏み込まなければ、枝分かれした樹木のような形の遺伝子系図を作成することはできない。遺伝学者と相談者との間には強い信頼関係が必要だ。というのは、遺伝学者は相談者に対し、一族のタブー、記憶、忘れてしまったこと、喜び、悲しみを語るように要求するからだ。

遺伝子系図によって、未来も予想できる。生まれてくる子供が問題となる病気に罹る可能性がわかるからだ。

遺伝学者が相談者のプライバシーに関する医学的な質問を投げかける際は、相談者の感情に配慮しながら節度をもって行う。遺伝カウンセリングに信頼関係は不可欠だ。そうした信頼関係は相談者だけでなく、一族の健常な人、亡くなった人の近親者、その病気に罹った人、さらには将来的にその病気を発症する恐れのある人に対しても必要になる。

だからこそ、遺伝子系図をめぐるこうしたカウンセリングは、結婚や身内の死去・離別など、われわれの生活に関わる最も象徴的な出来事に関する会話になるのだ。

こうした一族の系図からは、一族のつながりや子供をつくったときの両親の年齢だけでなく民族的な出自もわかる。民族的な出自に関する質問をするのは、ヒト集団によって変異の種類が異なる場合があるからだ。

また、遺伝子系図を作成すると、相談者やその一族は、自分たちがそれまで信じてきた家族史と異なる事実を知って驚くことがある。

65 リスク

心臓病専門医は心臓、神経科医は神経の専門家であるように、遺伝学者にも専門とする臓器、ゲノム、病気があり、それらのリスクを計算するのが彼らの仕事だ。

リスクを簡潔に定義すると、ある出来事が起きる確率である。遺伝性の病気の場合は、発症する確率がリスクだ。このリスクは、原因遺伝子の遺伝形式（常染色体顕性、常染色体潜性、X連鎖潜性）や、罹患者や異常な遺伝子をもつ者との血縁関係に応じて推定される。

血縁者に遺伝病の前歴のある者が存在するのなら、子供がその病気に罹るリスクは高い。常染色体顕性遺伝病の罹患者の子供なら五〇%、X連鎖潜性の遺伝病の保因者である母親の息子なら二五%、常染色体潜性の遺伝病に罹患した子供の生まれてくる兄弟／姉妹なら二五%である。常染色体潜性の遺伝病の罹患者の子供、甥、いとことなるにつれ発症リスクはかなり低くなる〔親子の関係と兄弟の関係は、遺伝的には五〇%共有するという点で同じである。したがって、三親等、四親等となるにつれて、罹患者と共有する遺伝情報の割合は低くなる〕。

また、顕性の新生突然変異による病気の子供をもつ両親が再び同じ遺伝病の子供をもつリスクはきわめて低い〔例：神経線維腫症1型（レックリングハウゼン病）は、出生のおよそ三〇〇〇人に一人の割合で発症すると言われているので、突然変異によって再び同じ遺伝病の子供をもつリスクは1/3,000 × 1/3,000 = 1/9,000,000と見積もられる。ただし、夫婦のいずれかが罹患者の場合では、その子供に病気が遺伝する確率は二分の一になる〕。遺伝学はいつも縁起の悪い情報だけをもたらすのではなく、ほとんどの場合、人々を安心させる学問なのだ。

子供が常染色体顕性の遺伝病に罹患したが、両親は罹患していない場合、彼らが遺伝病の子供を再びもつリスクはゼロ、むしろ健常な両親から生まれた子供と同じと言うべきだろう。さらには、X連鎖潜性の遺伝病に罹患した男性の子供も発症しない。ただし、この場合では女性は全員が保因者であり、彼女らが母親になったときは病気の息子をもつ可能性がある。

したがって、遺伝カウンセリングの使命の一つは個人のリスクを見極めることである。そうした作業は遺伝カウンセリングの独創的な点の一つであり、医学特有の会話形式からなることも一般的なカウンセリングとは異なる点だ。

会話の相手は個人よりもカップルであり、カウンセリングの対象は患者というより生まれてくる子供だ。会話は家族の病歴に基づいて進行する。そうしたやり取りはしばしば重苦しい。見解を示す際は、診断および遺伝子検査が提示する生物学的なシグネチャー〔病気に特徴的な遺伝子〕から確実にわかることに基づいて語らなければならない。

遺伝カウンセリングとは反対に、経験から発せられるアドバイスは余計なお世話を意味するのではないが、しばしば悲劇的な間違いを生み出す恐れがある。

最後に、遺伝学の医学的な実践からは、リスク認知（主観的なリスク）は、しばしば算術的なリスクの数値と大きく異なることがわかる。

リスクの大小やそのリスクを許容できるかどうかは、恐怖心のような心理的な側面や発端者〔疫学調査などによって最初に報告された患者の症例〕から得た知識に依存する。これは、変数を二つもつ方程式を解くようなものだ。

66 遺伝子検査

遺伝子検査では、ある人物の一つあるいは複数の遺伝的な特徴を分析し、前もって何らかの疑いがある場合には診断し、また、どのような遺伝的な特徴があるのかを知りたい場合には、スクリーニングを実施する。

遺伝子検査には、対象になる家族のなかで問題になっている遺伝的な変化を、正確な知識に基づいて分析する検査がある一方で（直接型の検査）、直観的、さらには複雑でしばしば不正確な検査がある。後者の検査は、DNAの変異によって生じる遺伝子マーカーの、世代間の伝達に基づく。正常アレルおよび変異アレルに連鎖する遺伝子マーカーを用いると、両者を区別することができる。そして、これらの遺伝子マーカーを頼りに遺伝子系図を辿ると、病気のリスクのある遺伝子座がどのように分離したのかを追跡することができる（間接型の検査）。

ところで、遺伝子検査の適用範囲はきわめて広い。よって、検査の目的が診断なのか予測なのかをはっきりさせ、検査の対象が個人なのか集団なのかを区別する必要がある（フランスでは、個人を対象にする検査しか認められていない）。

・病気の症状を示す人物に対する狭義の診断検査。これは個人に直接的な利益をもたらす従来型の医学に帰着する。
・家族性がんなどの病気に罹るリスクの高い個人が、症状の現れる前に受ける検査。
・子供をもつためにヘテロ接合の状態を調べるなど、検査を受ける個人の健康とは関係のない家族向けの検査。

・共通のリスク要因（よくある病気▼92）の傾向を調べる検査や、医薬品の処方を改善および個別化するためのゲノム薬理学の検査など、一般人口を対象にするが個人に利益をもたらす検査。
・ヘテロ接合の調査と婚前検査。
・新生児スクリーニング。

遺伝子検査とその医学への応用は、DNAの塩基配列の自動シークエンシング技術の発展から恩恵を受けた。今後、新世代の読み取り技術（ターゲットキャプチャー法〔特定のゲノム領域を特異的に濃縮する手法〕による超高速の塩基読み取り技術、または次世代シークエンシング：NGS）は標準化され、三つの段階で活用される。遺伝子パネル、エクソーム、そして全ゲノムの塩基配列の読み取りである。

全ゲノムの塩基配列の読み取りは、臨床現場では妊婦の血液検査からダウン症候群を検出するための、非侵襲的な出生前遺伝子検査として始まったところだが、一般化された状態とは程遠い。

しかしながら、必ず問題になるのは、急速に発展する技術進歩ではなく、患者をはじめとする遺伝子検査を受ける人々がその結果を正しく理解するかである。だからこそ、法律により、遺伝子検査は遺伝学者が処方すると定められているのだ。

67 エクソーム

分子遺伝学は、遺伝子検査が必要だという要請にともない、方法論的、技術的に大きく進歩した。

この進歩のおかげで、二〇一〇年までは金細工師のように遺伝子を一つずつ調べていた分子遺伝学者は、現在では一度に複数の遺伝子を分析できるようになった（もっとも、今日でも場合によっては遺伝子を一つずつ分析する必要がある）。これは、いわゆる「次世代型」と呼ばれる、ターゲットキャプチャー法を用いる選別型である。つまり、ゲノムのうちタンパク質をコードするエクソン領域（エクソーム）を選択的に抽出するのだ。この選別型はそれだけでなく、非常に多くのサンプルを複製することによってゲノムの複雑さを低減させ、不規則な読み取りシステムを補正する。

選別型システムの性能の指標は二つある。

一つめは、その読み取り範囲（塩基配列の読み取りが可能なDNA断片の大きさ。一般的には一五〇から二〇〇の塩基対）である。

そしてとくに重要なのが二つめの読み取り深度だ。これはこの断片の塩基配列の読み取り精度を確保するために、〔ゲノム上の同じ位置を〕繰り返し読み取る回数のことである（自動読み取り装置がDNA断片を三〇回読み取るのならX30、一〇〇回ならX100と表示される）。

次世代シークエンサーは、量と質の両面において卓越している。この装置のおかげで、同じ実験において複数の分析が実行できるようになった。

この装置は、遺伝学の研究だけでなく診断にも多大な影響をおよぼした。というのは、分子遺伝学者は臨床遺伝学者が提起する仮説だけを検証しなくてもよくなったからだ。

つまり、この両者は、臨床現場から発せられる徴候から包括的な分析を開始することもできるようになったと同時に、タンパク質をコードするヒトの二万二〇〇〇個もの遺伝子を構成する、エクソームを分析することさえできるようになったのだ。

68 遺伝子パネル

次世代シークエンサー〔塩基読み取り装置〕が登場すると、正確な遺伝子検査のためには、ゲノムをどの範囲で分析すればよいのかという問題がもち上がった。遺伝的異質性［▼54］のある臨床徴候に対応する一部の候補遺伝子だけで充分なのか。もしそうなら遺伝子パネルの出番である。遺伝子パネル検査では、病気に関わる多数の遺伝子変異を次世代シークエンサーで分析する。

それとも、根拠に乏しいこともある仮説に基づくのはやめて、すべてのコード遺伝子を調べるべきなのか。

後者の場合、全エクソーム解析、さらには全ゲノム解析を行うことになる。

今日、これら二つの手法は補完関係にあるが、両者が対立することもある。これは一刀両断できる問題ではない。

そうは言っても、技術的な論拠はまもなく解決され、この議論から姿を消すはずだ。こうした躊躇が生じる場合に影響をおよぼす金銭的な論拠も、エクソームやゲノムの解析費用が安価になって五〇個から二〇〇個の遺伝子パネル検査の費用と同じくらいになれば消え去るだろう。

しかしながら、医学面からの論拠は相変わらず説得力をもち続ける。個人のもつ一部の遺伝子に関わる問題に回答するには、すべての遺伝子を読み取らなければならないのか。すべての遺伝子を読み取る最中に、偶然の発見があるかもしれない。つまり、その人の医学的な検査の対象になっていない遺伝子変異が見つかる場合である。

たとえば、てんかんの遺伝子検査を受けた子供の両親に対し、その子のＢＲＣＡ１遺伝子に病的変異があることがわかった場合、何と言えばよいのか。当然ながら、この子の母親はこの遺伝子が乳がんのリスクを高めると知って心配するはずだ。

このように、得られた情報をどう扱うのかという問題は、手法に関する議論よりもデリケートだ。エクソームが技術的、経済的に確実なアプローチになりつつある現在、エクソームの情報をふるいにかけ、選別するのは妥当な判断と言えるだろう。

言い換えると、臨床現場が提示する疑問との関連性や妥当性が認められる遺伝子群の塩基配列だけを解析すれば、患者に対して遺伝子とその変異について正確に語ることができるはずだ。というのは、エクソームを選別する作業は、時間の経過と知識の蓄積とともに進化するだろうからだ。

このような姿勢は、「潜在的な危険には目をつむる」態度として批判されるようなことではないはずだ（一部の研究者にとっては、診断とは異なる観点からエクソームの残りに研究価値を見出し、関心を抱くことがあるかもしれないが）。

69 出生前診断

公衆衛生の規範では、子宮に宿るヒト胚や胎児に重篤な病気を検出するという医療行為全般が出生前診断である。

一方、出生前スクリーニング検査は妊娠時の胎児の異常をできるだけ早期に検出するという点で出生前診断と同じだが、厳密には区別する必要がある。

前者のサービスはすべての妊婦に提供され、出生前診断を受けたほうがよい重篤な病気の前兆を探し出す。出生前検診の対象としては、染色体の異常が挙げられる。この異常で最も多いのがダウン症候群である。検診は出産時の年齢、母体血清マーカー検査、エコー検査などに基づいて行われる。胎児のエコー〔超音波〕検査も出生前スクリーニング検査の一つだが、世間は必ずしもそのように受け止めていない。

したがって、エコー検査で臨床徴候が見つかった場合や、家族に遺伝病の患者がいる場合は、出生前診断を行うための胎児組織の摂取が行われることがある。検査する胎児組織は、おもに羊水（羊水検査は妊娠一五週以降に実施）や栄養膜細胞（あるいは絨毛、妊娠一一週以降に実施）だが、稀にへその緒の血液が採取されることもある。

胎児から採取される組織は、染色体や遺伝子だけでなく、生化学、感染、血液学の観点からも検査される。

フランスでは、胎児組織の採取が実施される割合は妊婦全体の一一％である。胎児組織の採取による流産のリスクは無視できるほどには低くない（二〇〇分の一）。

出生前診断の第一目的は、胎児や新生児の治療が可能な場合（トキソプラズマ症、Ｒｈ式血液型不適合、ホルモン療法、手術）、そうした治療を円滑に行うことだ。

しかし、病気が重篤で治療が不可能だと判断された場合、説明を受けたカップル、より厳密に言うと、法律の観点からは女性の同意および承諾を条件に、医学的人工妊娠中絶（ＩＭＧ）が実施される。ＩＭＧの要請は、「出生前診断複合研究センター（ＣＰＤＰＮ）」が審議する。診断された病気が重篤かつ不治であることを証明するのは、この医療機関（ＣＰＤＰＮ）である。フランスでは、ＩＭＧは妊娠末期であっても実施できる。

出生前診断の推進は、一部の見方とは反対に、出生増進主義に基づく。その理由は、重篤で不治の病気の子供をもつ可能性の高いカップルであっても、健常な子供をもてる可能性が提供されるようになるからだ。

70 着床前診断

現代では不妊治療あるいは後述する特定の場合に、卵細胞と精子を試験管の中で受精させ、発生の進んだ胚を母体に移すことがある。その際、受精したヒト胚から細胞を採取し、生物学的に診断するのが着床前診断だ。

着床前診断は、遺伝リスクが高いことがはっきりとわかっている状況においてだけ利用される、医学的人工妊娠中絶（IMG）を「避けられる」出生前診断に代わる検査である。というのは、着床前診断では、試験管で受精させてヒト胚をつくってから遺伝的に問題がないと思われるヒト胚を選別した後に、子宮に着床させるからだ。

単純に思えるが実際には熟練した繊細な作業をともなう着床前診断は、例外的な状況において条件付きでしか実施されない。

（1）診断時にカップルに不治と認められる重篤な遺伝病に罹患した子供が生まれる確率がきわめて高い場合。

（2）そうした病気の原因になる異常が両親にあらかじめはっきりと確認できる場合。

（3）カップルが生殖補助医療（ART）を利用する条件を満たしている場合。例：生殖時の女性の年齢、夫婦でない場合は、少なくとも二年以上のカップルとしての生活実績があり、カップルが男女であること。

フランスでは着床前診断の申請は、「出生前診断複合研究センター（CPDPN）」、とくに着床前診断の実施の認可を受けた四つのセンターのうちの一つが審議する。

すべての病気、さらには病気の原因となる遺伝子や変異のひとつひとつ（言い換えれば、診断を受けるすべてのカップル）を対象とするためには、技術進歩が欠かせない。だが現在のところ、着床前診断は実験段階であり、申請者は長蛇の順番待ちを余儀なくされている。

二〇一六年、フランスでは着床前診断後に健常に生まれた子供の数は千人以上だった。

そうは言っても、次のことを強調しておく必要がある。着床前診断を実施するためのすべての条件が整った場合であっても、採卵の後に、妊娠が出産に至る確率は二〇％でしかない。将来的にこの数値が改善される見込みはない。というのは、この数値は体内受精の際の推定値とあまり変わらないからだ。

出生前診断は、エコー検査をはじめとするさまざまな技術を用いて子宮内の検出可能な病気を見つけ出す検査だが、着床前診断は、遺伝する遺伝子や染色体の病気のために行われる検査だ。出生前診断の受診は妊娠前に計画でき、妊娠中であっても受診できる。だが、着床前診断にあたっては周到に計画を立てる必要がある。

診断の際に不治と思われる病気に罹患した子供が生まれるリスクが高い場合、着床前診断により、医学的人工妊娠中絶の実施は避けられる。

反対に、着床前診断にとって、技術的および倫理的な課題やその出産に至るまでの成功率の低さは、今日の大きな障害である。

71　体質および罹患性に関する発症前検査

無症状の者に実施するのが、体質および罹患性に関する発症前遺伝子検査である。この検査の目的は、所定の病気に罹る遺伝的なリスク要因を探し出すことだ。なお、「体質」、「罹患性」、「発症前」という用語は、浸透度の連続したスペクトラムのなかにあり、それらの間に明確な境界線はない。

発症前検査の典型はハンチントン病の検査だ。この検査においてＨＴＴ遺伝子上で三塩基配列ＣＡＧ反復配列が四〇回以上の伸長が検出されると、一〇〇％の確率でハンチントン病を発症する。

罹患性検査の代表的なもの（最も頻繁に行われる遺伝子検査）には、凝固第Ｖ因子ライデン変異（おもに欧米白人に見られる）を見つける検査がある。この変異があると、静脈血栓症のリスク因子は四倍に増加するため、生涯における血栓症の絶対リスクは一〇％になる。

遺伝子検査は生命倫理法によって規定されており（とくに無症状の人物に対する検査）、遺伝カウンセリングの枠組みで行うことが義務づけられている。二〇一三年五月二七日の政令により、「遺伝的な特徴に関する検査は、医学的な目的に見合うものでなければならない」と規定された。[1] 遺伝子検査の受診を希望する人物の情報、その人物の同意、実施する検査の臨床有用性がおもな規定事項である。

こうした予測型の遺伝子検査は、Ｘ連鎖顕性遺伝病に関連する遺伝子の変異がヘテロ接合かどうかを調べる検査（保因者検査）と区別する必要がある。

保因者検査の目的は、被験者本人の発症リスクではなく、子孫に遺伝するリスクを割り出すことだ。これは、たとえば結婚前カウンセリングの一環としてヘテロ接合の検診を実施してよいのかという問題につながる。

（1）https://www.legifrance.gouv.fr/affichTexte.do?cidTexte=JORFTEXT000027513617

72 遺伝カウンセリング

遺伝学は最近になって登場した科学分野だ。遺伝医学（遺伝病の診断や治療を扱う、遺伝学の知見やノウハウを取り入れた医学）にいたっては、さらに最近のことだ。フランスでは、一九九五年のマテイ法によって研修医の段階から養成された遺伝学者の第一世代は、二〇〇五年になって「現場」に登場した。

現代遺伝学によって医学の枠組みや概念は急変し、革命が起こった（しばしば過小評価されているが）。

医学専門の遺伝学が設立された理由の一つは、こうした新たな知見を、他の医学分野の知識とともに患者に提供することだ。

ある人物やあるカップルの子孫に、特定の病気が発症する確率を推定するのが、遺伝カウンセリングの内容だ。こうした遺伝カウンセリングは医療行為であり、遺伝医学の領域だ。

遺伝カウンセリングのアドバイスは問題となる病気の正確な診断に基づき、患者自身や遺伝病のリスクをもつ患者の血縁者に発せられる。場合によっては、特殊なリスクにさらされているヒト集団全体（例：アフリカ人なら鎌状赤血球症、東欧系ユダヤ人ならテイ＝サックス病）に向けて提言されることもある。また、遺伝カウンセリングでは、親族・血族関係など、家系のあらゆる予測可能な要素も考慮される。

こうしたアドバイスは、一九九〇年代までは経験に基づいて発せられていたが、現在では遺伝子検査によって変革され、科学的な意味合いをもつようになった。リスクをより正確に推定し、ときには「リスクがない」と断言できるようになったのである。

遺伝カウンセリングの実施には、しばしば大きな困難をともなう。それは、遺伝カウンセリングにおける「親子関係」や「遺伝」の概念は、従来の生物学的な規範の枠組みを大きく拡張したものだからだ。「遺伝学」という言葉は学術的な響きをもつため、遺伝カウンセリングを受ける家族は遺伝学に信頼を寄せるが、同時に不安も感じる。

遺伝子検査、出生前診断、さらには着床前診断は、単なる道具でなく、これらの利用に関しては恣意的な側面もあるため、家族に心理的なストレスや動揺をもたらす。

遺伝学者はそのような不安に耳を傾け、場合によっては心理学者と共同でカウンセリングを行うのである。

73 遺伝カウンセラー

毎年、多くの遺伝学者が養成されるが、その数は完全に不足している。とくに、今日の遺伝カウンセリングでは、遺伝子検査のさまざまな結果を説明する必要があり、それらの解釈は以前にも増して慎重さを要するようになった。遺伝学者の不足感は増しているのだ。

次世代DNAシークエンサーの登場によって、遺伝カウンセラーという奇妙な専門職はまもなくなくなるはずだと思われるかもしれない。ところが、そうした予想に反し、DNAサンプルから取り出せる遺伝学上のデータが増えれば増えるほど、結論を下すことは難しくなり、さらに多くの遺伝学者が必要になるのだ。

こうした経緯から、遺伝カウンセラーという新たな職業が誕生した。遺伝カウンセラーを育成するには、医学全般の勉強を強化および長期化させるのではなく、遺伝学の分野に関心をもつ若手研究者や医療関係者（助産婦や看護師など）に遺伝カウンセラーになるための教育を施すべきだろう。

彼らに医師になってもらうのではない。それでは遺伝子検査の処方などにおいて、できることが限られてしまう。そうではなく、遺伝カウンセラーは遺伝学に関連する分野で働くものとし、理想は、支援センターの分散型ネットワークを構築して、患者や遺伝学に最も近い専門分野（小児科、がん研究、神経内科）の医師のもとで、病気に関する情報や患者の要求を収集および共有し、「現場の声」としての結論を医師に提示することだ。

世間がしばしば現代科学の急速な進歩に追いつけない状況において、われわれはきわめて難解な問題に取り組まなければならない。したがって、専門家には高度な知識と情熱が必要であり、彼らに権限をもたせるという仕組みは遺伝カウンセラーの育成につながる。

こうした取り組みは、アングロサクソン諸国ではかなり以前から行われてきた。この動きに追随したフランスにおいても二〇〇〇年代初頭以降、遺伝カウンセラーは多くの分野で活躍している。

遺伝カウンセラーになるための教育は、急速に進歩する専門分野のなかでもきわめて充実している。そしてタイミングのよいことに、フランスでは遺伝子カウンセラーはすでに不足気味だ。

遺伝カウンセラーのポストは、医学や遺伝学などの計画〔GWASなど〕の執行に合わせて増やす必要があるだろう。

74　本当の遺伝、想像上の遺伝

遺伝学者にとって、「génétique〔遺伝子の〕」、「hérédité〔遺伝〕」、「transmission〔遺伝〕」という三つの言葉はそれぞれ固有の意味をもつ〔いずれも遺伝を表す用語だが、génétique は遺伝子や遺伝学に関連する事柄、hérédité は疾患などの表現型の次世代への継承、transmission は遺伝子の次世代への継承の意味合いが強い〕。一方、遺伝カウンセラーにとって、これらの言葉は不安や幻想を含め、より広い意味をもつ。遺伝カウンセリング〔▼72〕では、「伝達する」という動詞のもつすべての意味が登場する。

災難、難問、めぐり合わせなど、家族史と医学が交わる地点で展開される遺伝カウンセリングには、苦悩、罪悪感、悲しみだけでなく、勇気、責任感、独創力、尊厳、尊重という概念が飛び交う。しばしば解釈が混乱するこうした状況や微妙な解決策に直面すると、遺伝カウンセリングは事態を変化させるきっかけに思えてくる。

遺伝カウンセラーは、家族、カップル、患者が余儀なくされる家族の絆の複雑な道のりを、彼らとともに歩もうとする。遺伝学に基づく解釈と精神分析に基づく解釈は激しく対立し、とくに母親に苦悩をもたらしたが、今日、そのような対立は解消されなければならない〔フロイトの「ファミリー・ロマンス」とメンデルの法則との対立が生じる原因▼72〕。

遺伝カウンセリングにおける関係者との歩みはゆっくりであり、しばしば重苦しい雰囲気に包まれる。というのは、リスクを抱える人は自身の遺伝形式に従わざるを得ないことが示されるからだ。そうは言っても、彼らは遺伝病に罹った子供が生まれるという不条理な重荷を、勇気と自由意志を持って引き受けるのだ。ルイス・キャロルの童話小説『鏡の国のアリス』のなかで赤の女王がアリスに説明したように、われわれは人間という地位にとどまりたいのなら全力で駆けなければならないのだ。

ヒトゲノムの研究をはじめとする科学は、一般的に思われている以上に急速に進歩し続けている。だが、遺伝学について言えば、カップル、母親、やがて子供をもつ者たちはこれまで以上に、遺伝学者、遺伝カウンセラー、心理学者の情報や見解、そして支援を仰ぐことができる。

ところが、一部の倫理を説く者たちは、自分たちの教義に基づく枝葉末節な理屈を並べ立てて遺伝カウンセリングを批判する。彼らは自分たちこそ正しいと思い込んでおり、遺伝医学に対して辛辣で的外れな判断を下すのだ。新たな優生学の登場だと騒ぎ立て、重篤な遺伝病の犠牲者をもつ家族の個人的な遺伝診断と、ヒト集団における組織的な追跡調査を混同している。

このような勘違いは、遺伝学の正しい実践と改善という日々の努力に対する侮辱であり、心理学者や精神分析医によるカップルの支援を無視する行為である。

遺伝学者らが遺伝病のリスクを抱える家族の団体と密接に協議していることなど知らない彼らは、医学研究に猜疑心を抱く。遺伝医学により、家族の構造という個人にとってきわめて私的な基盤が照らし出されるのは確かだが、その光を放つのは蒙昧主義でなく啓蒙主義の精神によるものなのだ。

第七章　遺伝学、進化、ヒト集団

75　集団遺伝学

集団遺伝学は、近代のヒト遺伝学から枝分かれした分野である。

集団遺伝学では、さまざまな進化という圧力にさらされてきたヒト集団のゲノムに関するアレル頻度〔ある特定のアレルが集団のなかに存在する割合〕の分布や変動を研究する。それゆえ、集団遺伝学の概念は、ダーウィンの自然選択説と遺伝学の融合（突然変異やメンデルの法則の一つであるアレルの分離の法則によって、獲得された形質が遺伝する機構が説明できるようになった）にも着想を得た。これがネオダーウィニズムであり、量的遺伝学の第一歩である。

ヒトゲノムのアレル頻度を変化させる進化という力には、三つの現象が関係する。

（1）ゲノム自体の構造、そしてとくに変異率。ゲノムの変異率は比較的変化しないが、しばしばゲノムの構造（とくに変異しやすい領域）や、配偶子の塩基配列に対する受胎時の両親の年齢といった疫学的な要素の影響を受ける。遺伝子組換え率も進化に加担する。

（2）移住、ヒト集団の構造化〔人種、民族の違いや地域差が原因で集団内に異なる遺伝的背景を持つヒトが混在している状態〕、ヒト集団間の混合、さらには創始者効果などの人口圧力。最後に（3）自然選択の作用と、これが適応におよぼす影響。すなわち、適応に有利な多様体（形質）をもつ個体が集団内で固定化されるとともに、有害な形質（適応に不利な多様体）をもつ個体が死亡する、あるいは不妊となることによって、その形質が失われていく。

そうは言っても、ゲノムのほとんどの遺伝子変異は進化に対して中立であり、遺伝的浮動と呼ばれる人口圧力の影響力にはおよばない〔中立説の立場。前出の自然選択説と対比されて論争を引き起こしたが、現在では二つの説は両立すると考えられている〕。ちなみに、遺伝的浮動では人口規模だけが傑出した役割を担う。

76 進化

進化という言葉が現在の意味において一般的に認知されるようになったのは、つい最近のことだ（一九五〇年代）。ラマルクは多少言及したが、ダーウィンにいたってはほとんどこの言葉を使わなかった。

進化の定義は学者によってさまざまで、常に議論されてきた。というのは、「進化：évolution」は、一般的な過程とその分析（「l'évolution」）だけでなく、この過程の結果（「une évolution」）をも意味するからだ。これらの概念は、時間軸と生物学的な背景は共通するものの、学問上の主たる興味は次のように異なる。

たとえば、遺伝子の単純な組み合わせによって、なぜ数百万もの種が形成され、これほどの生物多様性が生まれたのか。これが種分化という概念に取り憑かれた進化論者が抱く疑問である。

また、遺伝子の非常に単純な組み合わせによって、なぜ生物はきわめて複雑な発生過程を経ることができるのか。これが発生生物学を研究する進化論者が抱く疑問である。

アリストテレスをはじめとする哲学者、さらには、ビュフォン、リンネ、キュヴィエなどの博物学者が生物種の分類を通じて疑問を提起したとしても、進化という言葉を初めて本格的に用いたのはラマルクである。ラマルクは一八〇九年に出版した著書『動物哲学』〔小泉丹他訳、岩波書店、一九五四年〕において、自身の生物学的な進化に関する概念を述べた。こうして、獲得形質が遺伝することを受け入れるなどの確実性の低い生物学的な考えが進化論になったのである〔▼89〕。

その五〇年後、ダーウィンとウォレス（彼らも博物学者）は、個別に総合的な理論を提唱した。彼らは生物学的な類似性を超える生物種間における連続的かつ直接的なつながりを説いたのである。

本書において進化を100語の一つに取り上げたのは、進化という概念がダーウィンの業績のなかでも最も扇動的で傑出したアイデアであるからだ。すなわち、自然選択は最も適応する者、言い換えると、最も繁殖力の高い者に有利になるように作用するというアイデアだ。この概念によってこそ、生物学的な進化は近代遺伝学において絶対的な地位を得たのである。

ダーウィンの業績に一つ欠けていたのは、変異の無限の組み合わせから、有利、不利、中立と見なされる変異が起きる生物学的な「場」だった。DNAの構造が解明される一世紀前の時代に活躍したダーウィンにとって、それを知ることは不可能だった。

今では、その「場」こそがゲノムであり、さまざまな点変異（SNP）やサイズ（コピー数多型）によってきわめて大きな多様性が生まれることがわかっている。

そのため、ダーウィンの唱えた自然選択説の適用範囲は、次に挙げるように幅広い。（1）一部の個体群が有利になるように、最も抵抗力の強い、あるいは繁殖力の高い個体群をつくる。対照的に、（2）生存に不利になる効果によって一部の個体群が淘汰され、それらの個体群は消滅する。そして、不利な変異の入った塩基を含むDNA断片はなくなっていく。（3）一方、ほとんどの変異は自然淘汰に対して有利でも不利でもなく、ヒト集団における変異の頻度は、自然選択よりも遺伝的浮動という偶然によって決まる。

77 自然選択

生物学における進化のおもな原動力は自然選択である。自然選択により、特定の集団や生物種の進化には何らかの遺伝的変異が残る。つまり、自然選択は変化を促す環境に対して都合のよい、または都合の悪い遺伝的変異の有無によって繁殖に有利か否かで決まる。その際、自然選択では、ヒトゲノムの無限の多様性と可変性が利用される。

自然選択は、それによって一部の個体群および彼らの子孫の繁殖が有利になることとも解釈できる

（アングロサクソンの世界では、これを「フィットネス（適応度）」と呼ぶ）。

自然選択は、次に掲げる三つのタイプの遺伝的変異が、ほぼ無限に組み合わさって発生する。これが総合進化論の論拠である。

一つめは、自然選択がまったく作用しない中立の変異である。それらのアレルの頻度は、集団の移住や混合などを通じて、集団の規模に関する進化の法則に従って決まる。ほとんどの遺伝的変異も同様である。

二つめは不利な変異である。それらの変異をもつ個体群は繁殖（あるいは生存）に不適応であるため、自然選択はそれらを消滅する方向に作用する。遺伝領域の保存状態が非常によいのなら、不利な変異はネガティブ選択によって消失したのかもしれない。つまり、進化の過程で淘汰されたのである。

三つめは、正の選択、さらには有利な選択に必要な変異である。この選択では、新たに発生した変異が集団内に広がる。というのは、この変異は新たな環境圧力（あるいは将来的な環境圧力）に対して、自然選択の際に有利に働くからだ。常染色体潜性遺伝病の変異アレルも同様であり、ヘテロ接合の場合では、環境、食品、気候、感染症に関する一部の現象に対する抵抗力になる［▼81］。

霊長目の進化の最終段階では、いくつかの有利な変異が起きたと思われる。たとえば、そうした変異のおかげで、ヒトは言語を発明および定着させ、高度な認知機能をもつようになったのだ。

78　先祖

遺伝学上の血縁関係を構成するのは、先祖（父親、母親、祖父母）である。もちろん、黄道十二宮などの占星術とわれわれの遺伝学上の祖先との間には何の関係もない。

遺伝子系図では、遺伝学上の先祖が世代を形成する。今日の一人の子供から、二人の親、四人の祖父母、八人の曾祖父母というように、一七〇〇年代ごろまで遡ると、その子には二〇四八人の祖先がいる計算になる。つまり、一世代を平均して三〇年弱と仮定すると、一二世代が存在した計算になるのだ。

ようするに、現世代の先祖の遺伝子系図から推測すると、地球に存在した男女の数よりも多くの遠い祖先が存在したかのような印象を受ける。当然ながら、それは逆方向から考察していないからだ。すなわち、ホモサピエンスが登場した時代のことである。アフリカ大陸を脱出したごく一握りのヒトたちは、瞬く間に世界中に拡散した。まずは、中東、ヨーロッパ、アジア、次に、オセアニア、アメリカにおいて、人口が急増したのである。したがって、この明らかな矛盾はきわめて簡単に解決できる。われわれには複数の共通の祖先がいるという当たり前の事実を思い浮かべればよいのだ。

先祖を遡るのは、遺伝的な痕跡を想起することでもある。よって、遺伝病の家系によっては秘められた罪悪感に触れることになるが、そうした罪悪感には科学的な根拠はあまりない。というのは、ほとんどの遺伝病は世代を経て遺伝するのではなく新生突然変異が原因であり、強い遺伝要因をもたないからだ。

自分たちの家族の箪笥や机の引き出しにしまってあるモノ、写真、資料などからも、遺伝的な痕跡を憶測できる。それは、強烈な象徴やさまざまな秘められた意味について話し合う（いがみ合う？）機会でもある。つまり、そうした場では、生物学的な規範という枠組みをはるかに超えて、遺伝子は病原菌になり、遺伝的な特徴は伝染し、血は混ざり合う。だが、こうした議論が遺伝学とは何の関係もないことは言うまでもない。

同様に、父方の近い先祖を探したり、その人の出自のヒト集団を参照して遠い先祖を探したりすることは、それは消費者に直接提供される遺伝子検査という商品と同じく、単なる幻想である〔いずれも尺度が適切ではない。逆に、Y染色体の変異をもとに父方の遠い先祖を探したり（Y染色体アダム）、自らが属する集団を参照して近い先祖を探したりすることは可能だ〕。

79 創始者効果

集団遺伝学では、ヒト集団が構成されると同時に現れる多様体（変異体）などの特定の遺伝的形質が、この集団全体の特徴になるまで拡散する現象を創始者効果と呼ぶ。

創始者効果は、とくに隔離されて形成されたヒト集団に見られる。彼らが地理的な移住を余儀なくされた、あるいは望んだため、少なくとも彼らの歴史の一時期において隔離されたような場合である。たとえば、島の住人だ。また、隔離された理由として、民族、宗教、文化などの対立による分離、民族的な階層化、さらには、地理的、政治的に偶発的な出来事の勃発などが考えられる〔他にも、飢饉や流行病によって集団の大半が死亡する場合など〕。実際に、これらのヒト集団の人口は隔離後に急増する場合が多い。

これらのヒト集団の構成は、最終的にある種の同系交配になる。必ずしも本いとこ同士の結婚といった近親交配ではなく、共通の遺伝的基盤による同系交配だ。よって、ハーディー・ワインベルクの法則に従い、これらのヒト集団の遺伝的多様性は、パンミクシー〔集団内での無作為な交配〕よりも限定的になる。

歴史上、創始者効果は数多く確認されている。たとえば、フィンランドのヒト集団に特有のある種の病気、レユニオン島やフランス人が移住したケベックのヒト集団の非常に特殊な表現型が知られている。

孤立した民族集団の病因遺伝子を特定するためにそれらの位置を突き止めようとする遺伝学者は、創始者効果に基づき、病気に罹った子孫たちの間に共通するゲノム領域を探す〔病気の原因となる変異アレルのホモ接合体を利用して変異を含む遺伝子座の位置を割り出し、遺伝子地図を作成する戦略〕。病気に罹った者たち自身は知らなくても、彼らは遠いいとこなのだ。

80 血縁

家族としてのつながりをもつ人々の間において、生殖に関連するのが血縁だ。「あのカップルの子供は父親の連れ子だ」、「彼らの両親は血縁者だ」という話を耳にしたことがあるだろう。一人ないし複数の共通の祖先をもつことが血縁関係にあるという意味だ。遺伝医学の観点からは、人類は共通の祖先をもつことが明らかになったが、血縁という言葉は、単純な家系図における血のつながりのある結びつきを示す。

しかしながら、血縁はないと思っていても、カップルの双方が地理的に閉じこもった小さなヒト集団の出身者の場合、血縁があることがある。島で暮らすヒト集団には、しばしばこのような事例が観察された[▼79]。これは「覆い隠された血縁」と呼ばれる。

したがって、遺伝病に罹った先祖がいる場合や、ある種の遺伝病がより頻繁に発症するヒト集団に属している場合に、結婚相手と血縁があるとわかったのなら（ほとんどの場合、本いとこ、あるいはまたいとこ）、遺伝学者に相談すべきかもしれない。

家畜を飼育する経験から導き出された概念として発展した血縁は、統計調査や実験の対象になった。こうして、いとこ同士の結婚からは奇形や病気の子供が生まれやすいという島民の経験則は、遺伝学によって裏付けられたのである。というのも、多くの調査から、血縁という要因は、先天的な異常や奇形のリスクを倍増させることがわかったからだ。このリスクは、非血縁者同士のカップルでは二〜三％だが、本いとこ同士のカップルでは四〜五％になる。

遺伝モデルのなかで、血縁に関係するリスクが高まるのは、常染色体潜性の遺伝形式だけだ。それは容易に説明できる。この遺伝形式でリスクが発生するのは、父親と母親の両方に由来する変異アレルが合わさったときなので、理論上、通常の集団では稀にしか発生しない。

だが、両親がともにこのアレルの持ち主である共通の祖先をもつのなら、このリスクは発生しやすくなる。よって、このようなカップルから生まれた子供は、遺伝によってホモ接合型になり、遺伝病に罹る恐れがある。つまり、子供は祖先の同じ変異アレルを二回受け継ぐことになるのだ。こうしたリスクを避けるためには、遺伝子地図を用いて、ホモ接合になった変異遺伝子の位置を特定するという戦略〔▼79〕が必要になる。

世界の血縁状況はきわめて対照的である。ヨーロッパや北アメリカではきわめて低く、北アフリカ、中央アフリカ、中東（しばしばカップルの五〇％以上）ではきわめて高い。

後者の地域では、遺伝病に罹る子供が生まれる心配よりも文化的伝統のほうが強いのだろう。後者の地域のほとんどの政府は、遺伝病の発生を甘受するのではなく、血縁関係のある者同士の結婚を断念させるというよりも、遺伝病の婚前検診政策を推進している。

81 集団の均衡（遺伝疫学の続き）

有病率や表現型に関連する変異の〔集団内の〕分散に関心を抱く遺伝疫学者は、ハーディー・ワインベルクの法則に従う均衡状態の集団を理想とする。つまり、無作為に交配し〔パンミクシー：当然ながら、生物学的な意味においての無作為な交配〕、移住せず、集団内の変異率が突然変異率と等しい状態にある集団だ。

このような理想的な集団なら、メンデル遺伝病の原因になる変異アレルやヘテロ接合体の頻度は、単純な方程式によって計算できる。たとえば、均衡状態にある集団では、稀な病気の有病率が出生一万人に一人なら、ヘテロ接合体の頻度は五〇分の一と推論できる〔個体群内に対立遺伝子Aとaがあり、A遺伝子の遺伝子頻度をp、a遺伝子の遺伝子頻度をqとすると、q=1-pとなる。有病率、すなわち、遺伝型がaaとなる確率はq_2と表されるので（q_2=1/10000）、q=1/100となる。同様に、ヘテロ接合体の頻度、つまり、遺伝型がAaとなる確率は2pqと表されるので、計算すると2×1/100×(1-1/100）となり、その頻度はおよそ五〇分の一と見積もられる〕。

ヒト集団の遺伝学は、しばしば矛盾に満ちた自然選択のさまざまな要因による相互作用によってつくり出された。

明白な例は、メンデル遺伝病で常染色潜性遺伝の病気である鎌状赤血球症だ。発症頻度が最も高いこの病気に罹るのは、ブラック・アフリカのヒト集団、あるいはこの地域や中東の出身者だけである（アンティル諸島の島民やアフリカ系アメリカ人など）。欠陥のあるヘモグロビンをコードする変異アレルがホモ接合体であるために発症する鎌状赤血球症は、明らかに病気や死亡によるネガティブ選択の要因である。というのは、病気や死亡はこの病気の患者の（子孫に有害なアレルをもたらす）生殖力にきわめてマイナスの影響をおよぼすからだ。

では、この病気の発症率は、なぜ高いままで維持されたのか。その理由は自然選択のもう一つの要因が作用したからである。それはヘテロ接合体の場合である。つまり、この遺伝子がヘテロ接合体の人物は、鎌状赤血球症の発症から守ってくれる正常なアレルと、熱帯熱マラリア原虫によるマラリアに対する抵抗力を高める変異アレルを一つだけもつのだ。したがって、自然選択においてホモ接合体なら不利だが［多くは成人前に死亡する］、ヘテロ接合体なら有利という構図になる。マラリア蔓延地域では、このようにして高い頻度のヘテロ接合体と鎌状赤血球症が定着したのである。

ヨーロッパ北西の白人の集団に発症頻度の高い嚢胞性線維症にも似たような論証が成り立つ。この病気の一部の変異アレルは早死の原因だが、その頻度はきわめて高い。その理由は、それらの変異アレルがコレラという感染症に対する抵抗力を高めたからだと考えられている。コレラ感染から生き延びたほとんどの者がヘテロ接合体の持ち主だったという事実から、集団内の変異アレルが高頻度で定着したことがわかる。コレラは、多くの個体群を抹殺しながらも変異アレルを密かに選択し続けた結果、ヒト集団を大きく変化させたのである。

82 隔世遺伝とネアンデルタール人

ここでは遺伝学を進化論に応用して得た、新たな知見を紹介する。

ヒトのある種の変異がその持ち主に遠い祖先の形質をもたらす場合、それらの変異は「隔世遺伝」と呼ばれる。その人物に数百万年という進化の過程を遡らせる「隔世遺伝」は、ヒトの遠い祖先である霊長目のときの多毛症や、霊長目からさらに遠い鳥類や爬虫類などと共通の祖先の骨格を甦らせる。

現生人類のゲノムにネアンデルタール人のゲノムが加わっているという最近の発見、すなわち、ある時期にこれら二つの霊長目は交配していたという事実が判明したことにより、こうした関心はさらに強まった。たとえば、栄養、気候、感染などに関するヒトの感受性は、ネアンデルタール人の痕跡（ヒトゲノムのわずか四～五％）から説明できるかもしれない。つまり、ヒトとネアンデルタール人のゲノムを比較すれば、なぜわれわれヒトには一部の感染症に抵抗力があるのか、逆に、なぜヒトは寒さに弱いのかを研究できるかもしれないのだ。

ヒトのゲノムと遺伝学は、このような紆余曲折があった種形成に依拠するため、われわれは、ヒト以前のゲノムやヒトに関連するゲノムを慎重に読み解く必要がある。

「自然選択はまったく起こりそうもないことを生み出すための理想的なメカニズムだ」と述べたロナルド・フィッシャーが、定量的な形質を扱う近代ヒト遺伝学の創始者と呼ばれるのは当然である。フィッシャーのこの格言が真実なのは日増しに明らかになっている。

とくに、進化の過程では、起こりそうもないことが絶えず起こる。それは何者かが目的原因論者のように進化のあり方を考えて決めるからではなく、自然選択の力を生み出すような、起こりそうもないことの種類がほぼ無限にあるからだ。

83 祖先、それとも、いとこ――生物種

生物種に関する近代の定義は、生物学、とくに遺伝学に基づく。

博物学者の大いなる歩みは、（自然の秩序や〔いわゆる「高等生物」、「下等生物」のように〕実体の哲学的な重要性に従って）階層的に分類することから始まった。次に、具体的な類似性に従って分類される

ようになり、相同性〔特徴などが共通の祖先に由来すること〕が語られるようになった。

その後、次第に分岐学が主流になった。分岐学は、形質を基準にする樹形図を使って生物種の関係を明らかにし、生物種間の距離を分岐線の長さで表す。

最近では、分岐学は分子系統学に移行した。分子系統学では、生物種は解剖学的な類似性の観点からだけでなく、ゲノムの類似性の観点からも分類される。こうした分子系統学の急速な発展からは、進化論ならびにその根拠となる自然選択説がいかに強い影響力をもっているのかがうかがえる。

こうした分岐学は、ヒトの集団遺伝学にも強い影響を与えている。まず、分岐学とヒトの集団遺伝学で用いられる分析ツールが酷似している点だ。たしかに、ヒトの集団遺伝学はたった一つの生物種（ホモサピエンス）を対象にするが、ヒト集団、人類の歴史、移住、人口の構造に関して、ヒトの集団遺伝学は分岐学と似通ったアプローチで分析する。

さらに、分岐学は医学にもさまざまな影響を与えている。たとえば、動物モデルを用いることの妥当性だ。分岐学の観点から、動物モデルとヒトは生理学の面で酷似し、ゲノムの観点からもきわめて近い。したがって、われわれは生理病理学や治療学の研究目的に沿うレプリカとして動物モデルを利用できる。

異なる生物種のゲノムを手軽に利用できるのも分岐学のおかげだ。つまり、それらのゲノムを参照し、生物学的に重要なメッセージ（とくに、ヒトゲノムの非コード領域の塩基配列の機能）を導き出すことができるのだ。非コード領域の傑出した役割は、異なる生物種で比較検討しなければ解明できないだろう。

84 ゲノムと生物種

遺伝学の研究からは、生物に共通する歴史が明らかになる。たとえば、ヒトゲノムと動物のゲノムには、相違性よりも類似性が多く見出される。ヒトの親戚ともいえる霊長目に属する動物はもちろん、さらに古くに分岐した生物のゲノムにもヒトとの類似性がある。だからこそ、われわれは動物に関する生物学をうまく利用して、モデル生物［▼47］と共有する遺伝子に関わる病気を、再現し、理解し、治療しようとするのだ。

ところで、モデルという言葉には、モデル生物という意味と、疾患モデルという意味があるが、この二重の意味については言及されることなく使用されることが多い。

数多くの生物種のＤＮＡの塩基配列を比較して導き出されるデータにより、われわれがヒトゲノムならびに進化によって加工されたヒトゲノムに関して抱いていた概念は大きく変化した。たとえば、生物種の遺伝子の数は、生物種の複雑さと相関しないことがわかったのだ。一九五〇年代では、ヒトと同程度の複雑な生物をつくるには、八万個の遺伝子が必要だと考えられていた。ところが、ヒトゲノムにはせいぜい二万二〇〇〇個の遺伝子しかなく、その数は、ミミズ、キイロショウジョウバエ、さらには、シロイヌナズナ（草地に分布する小さな植物）に等しく、なんとバナナよりも少ないのだ……。

遺伝子の数という点でこうした事実は、われわれヒトが謙虚になるべきという新たな教訓にしかならないだろう〔ヒトは高等で複雑な生き物なのだから、遺伝子もどの生物種よりも多くもっているはずだという、当時の安直な予想を踏まえている〕。

それでもヒトは他の生物種と大きく異なっているのだから、ヒトゲノムにはヒトの生物学的な複雑性と特殊性を司る要素が隠されているはずだ。それらの要素は、塩基配列そのものというよりも、ヒトの遺伝子作用の制御やそれらの相互作用に見出せるのではないか。だからこそ、進化を経ても（しばしば数千万年もの間）、遺伝子以外のゲノム領域が維持されたのだ。この非コード領域の機能（まだほとんどわかっていない）は、自然選択の影響を受けても注意深く保存されたのではないか。

このように〔ヒトゲノムに〕磨きをかけるために行使された自然の摂理という圧力は、生態、気候、栄養、感染に関する出来事だけでなく人為的な出来事からも生じる。したがって、ヒトの歴史や地理条件〔自然選択〕がヒトゲノムを複雑に加工したのであって、その逆ではない。こうしてヒトゲノムは単純なプログラムでなく、思いもよらぬ豊富なレパートリーを備えるようになったのだ。

「ヒトの遺伝子を特別なものとみなす傾向は嘆かわしい。ハエ、ヒキガエル、ハツカネズミと大して変わらないのだから」（ジャン・フレザル〔フランスの著名な遺伝医学者〕）。

85　人種

ヒトゲノムの塩基配列を読み取るたびに驚かされるのは、何と言ってもわれわれヒト集団間のDNAの特殊な多様性である。きわめて多様であると同時に非常に似通っているのだ。

では、このDNAの多様性によって、ヒト集団が異なる人種に階層化されている（階層化されうる）かどうか、説明がつくのだろうか。その答えは異論の余地なくノーである。

人類の短い歴史において、ヒト集団が今の形になったのはランダムな移動の結果だ。ヒト集団の移動の理由は、当初は地理的な位置や気候変動であり、後には政治や宗教だった。

さまざまなヒト集団のゲノムを読み取って明らかになったのは、こうした多様性が同規模の二つの異なるヒト集団間と同様に、同じヒト集団内にも存在することである。

そうは言っても、一部のヒト集団にはある種の変異がより頻繁に存在する。そうであるなら、あるヒト集団では特定の身体的な形質（とくに肌の色）がほぼ同じなのだから、そのヒト集団を構成する個体群のゲノムは同一なのか。そしてその個体群は、この同一性が示すように遺伝学的に異なる閉じた集団なのか。このような考えは、生物学的な根拠のないまことしやかな論証である。

ところが、一九世紀に登場したヒト集団を分類しようとする「人種」という概念が依拠したのは、まさにこの誤った論証だった。一九世紀と二〇世紀の差別意識に基づく憎悪に満ちた行為を正当化したのは、ヒト集団は階層化されているという（今では間違いであることが明白な）想定であった。

ようするに、人種とは、自然が定める生物学的な定義ではなく、人間が定める文化的な定義でしかなく、理性ではなく罵言にしか存在しない言葉なのだ。われわれ人類は唯一無二の種に属している。すなわち、ホモサピエンスだ。

たしかに、家畜には種が存在するが、これらの動物は、数世代にわたって人為的に交配し、形質と能力を選別していった結果の末に誕生したのである。家畜化によってゲノムが（同じ動物種内において）ほぼ同一の集団がつくられたのだ。つまり、家畜は人間が産業目的から熱心に選択した産物である一方、われわれヒト集団を形成したのは「開放的なメカニズム」（移住、遺伝子の流動や浮動、自然選択の要因）なのだ。

人類の起源やヒトの差異や相似性の基盤に関する正しい知識を身に着けることだけが、「人種」という言葉から連想される間違った認識を取り除く。少なくとも「人種」に生物学的な意味はないのだ。人間はこれからも、科学的には間違っている、あるいは十分検証されていない事項について、さも科学的であるように装いながら新たな規範をつくり続けるのだろうか……。

86　先天性と後天性――双子に関する研究（続き）

遺伝子（先天性）と境遇（環境）の影響を切り分けるために、双子に関する複雑な研究が行われた。一卵性双生児がそれぞれ異なる環境で育つ場合を比較しながら表現型を観察したのである。こうした観察が可能だったのは、とくに戦争による疎開のおかげだった。別々の環境で育つ一卵性双生児の一致率が、一緒に育つ一卵性双生児の一致率よりも低い場合、共有環境（家庭）の影響を評価することができるのだ。

遺伝子と環境の影響力をめぐる議論は古くからあり、これまでにもさまざまな意見の相違や間違った解釈があった（今後、さらに増えるのか？）。「生まれか育ちか」という格言は、生まれは遺伝子、そして育ちは環境を意味する。この格言こそが遺伝学の複雑性を言い表している。

ヒト集団に関する遺伝疫学では、影響をおよぼすのは遺伝子だけでなく、遺伝学が公共政策にまで〔社会的な〕影響をおよぼすことがある。たとえば、物事を短絡的に考える人々が、「双子の研究が示すように、遺伝は学校の成績に何らかの影響をおよぼす」というきわめて単純な理由を根拠に、生徒を「各自の遺伝的な基盤」に基づいてクラス分けしようと提案するような場合である。

当然ながら、こうした主張は、遺伝率が簡略な計算と単純化した仮説を用いて計算されることを無視している。さらにひどい勘違いとして、遺伝率がたとえ高くても環境要因の関与を完全に排除できないことも忘れられていることが多い。ようするに、生徒間の環境要因は同一で、遺伝要因だけが異なると仮定しているのだ〔当然、教育熱心な家庭環境やすぐれた教師の存在など、学校の成績に影響を与える環境因子は無数にある〕。いずれにせよ、クラス分けを遺伝子型に関係なく行うべきなのは当然である。

環境要因をまったく考慮しないのは、ゲノムがわれわれを完全に支配するという「ゲノム・プログラム」という単純な発想に屈することと同時に、とくに教育や学習によって人間を育成しようという希望が絶たれることを意味する。さらには、自分たちは物事を自由に決められる存在だという考えを捨て去ることも意味する。

87 環境

ヒトの病気の大半の原因は、遺伝的なリスクという先天的な要因と環境、そしてそれらの相互作用である。よって、ほとんどの病気の発症は複合的な決定論に基づく。性質の異なる二つの要因の組み合わせを考慮に入れる必要があるのだ。

つまり、よくある病気に罹りやすくなる変異を同定し、環境要因を計測してこれと遺伝要因との相互作用を解明することによって、発症の恐れのある患者の状態を見極めるのである。こうした考え方が予測医学（個別化医療、プレシジョン・メディシンとも呼ばれる）の源流となっている。そして、あらかじめわかっている環境要因（食習慣や気候など）を個人の遺伝要因に応じて変化させる必要がある。なぜなら、現在のところ、個人の遺伝要因はほとんど固定していると考えられるからだ。

遺伝要因と環境要因の相互作用を明確にするための定量的な解析には統計が駆使される。こうした研究によって、隠された生物学的な現実が明らかになればよいのだが、残念ながらまだ大きな成果は上がっていない。

この相互作用についての単純化した見方は次の通りだ。実験を積み重ねて病気の罹りやすさに関与する変異を特定することによって、まずは遺伝で説明できる割合（遺伝率）を割り出し、残りの割合は環境に関係があるとみなすのだ。

この単純な引き算方式によって、環境で説明できる割合を都合よく決定することができる。この方式のおもな利点は、予防効果がはるかに高く、遺伝子よりもずっと変化させやすい環境要因に働きかけようという結論に達することだろう。つまり、肥満体の人物にダイエットを薦めたり、高血圧の人物に塩分を控えるように注意したりするのに、「遺伝学の登場する幕はなし」となる。このような単純な引き算方式は、個別化医療を推進する際に立ちはだかる壁である。

三五年前、ジャン・ドーセとジャック・リュフィエ〔フランスの遺伝学者〕が予言した通り、現在においても、よくある病気に関する、誰もが認める遺伝的なリスク要因が特定される状況とは程遠い。

言い換えると、統計的、生物学的に認められる「相互作用」という用語の概念を明確にし、これを基盤に詳述することが必要不可欠なのだ。というのは、古くからの叡智をさらに発展させる一方で、現在流行中の商業的な遺伝子検査のはるか先を行かなければならないからだ。市場に出回る遺伝子検査は、科学的な観点から見てしばしば不確かであるため、医療現場ではほとんど役に立たないことがわかっている。

実際の病気の原因はきわめて複雑だ。環境要因と遺伝要因だけでなく、これらの相互作用という第三の要因がある。

遺伝要因と環境要因の相互作用の例として腸内細菌を紹介する。「内的」環境要因である腸内細菌叢は、栄養状態や食生活に関係するだけでなく、直腸大腸炎の遺伝的リスク要因と相互作用する。さらには、2型糖尿病、肥満、高血圧、さらにはアルツハイマー型認知症などのリスク要因とも相互作用することがわかっているのだ。

88 表現型模写

遺伝的な変化によって生じることがわかっている表現型と似た形質が、遺伝的以外の原因によって現れる現象が表現型模写だ。原因は遺伝というよりも環境なので、表現型模写（「表現型のコピー」）が子孫に遺伝するリスクはない。

生物学と植物の遺伝学ではよく知られている表現型模写という現象は、温度、pH、栄養分などの変化と結びつきがある。

表現型模写は、遺伝学の研究において間違いが発生するリスクの一つであり［▼39］、このような間違いを犯すと、同じ症状を示す患者群のなかで、遺伝的な形式と非遺伝的な形式を混同してしまうことに繋がり、解釈不能どころか誤った結果を導き出すことにもなる。

89 エピジェネティクス

生物学の分野において、エピジェネティクスは大躍進を遂げた。一日におよそ五〇本の論文がエピジェネティクスに言及してきた。

だが、この言葉を定義するのは難しい。というのは、エピジェネティクスは、遺伝子発現の世代の壁を超えて現れる効果を示す場合や、より一般的にそうした遺伝子発現の修正や変化を意味する場合もあるからだ。

そこで折衷案としてのエピジェネティクスの定義は、「DNAの塩基配列の変化とは独立した、クロマチン編成にまつわる遺伝子発現の変化を促す現象やメカニズムに関する研究」となるだろう。より厳密に言うと、クロマチン（DNAとタンパク質の複合体）の可逆的な変化が始まることによって、ある（複数の）遺伝子の発現が、DNAのコード塩基配列の変化をともなわず、可逆的に、消失ないし変化するに至ったときに、エピジェネティクスという言葉が登場するのだ。このような変化は、体細胞については細胞分裂を通じて伝達し、生殖細胞についても世代間の壁を超えて遺伝する。

生殖細胞のエピジェネティックな遺伝という後者の見解によって、生物学におけるラマルキズム〔ラマルクが提唱した、種は獲得形質の遺伝によって進化するという説〕の反撃が始まった。というのは、獲得形質は遺伝すると唱えたフランスの博物学者ラマルクは、エピジェネティクスが登場するまでは、さかんに非難されたからだ（といっても、それはラマルクの生物進化論のごく一部分にすぎなかったのだが）。

現代のエピジェネティクスは、この可能性を再び取り上げている。エピジェネティクスに関する多くの疫学的な観察が報告されている。最も有名なのは第二次世界大戦末に起きたオランダの飢饉である。妊娠中に栄養不足の状態に置かれた母親から生まれた女性が大人になってから産んだ新生児は、子宮内発育不全の状態だったのである〔それだけではなく、高い確率で肥満となり、孫の代まで耐糖能異常がみられたことも有名だ。二〇一四年にオランダ・ライデン大学分子疫学研究所から発表された論文によると、胎児期にこの飢餓を経験した人の血液ＤＮＡを採取し、ゲノムの一部のメチル化を調べたところ、メチル化の変化がはっきりした遺伝子が六個見つかり、とくに妊娠初期に飢餓を経験すると長期にわたってメチル化異常が持続することが判明したという。さらに、これら遺伝子のメチル化状態とコレステロールや誕生時の体重との間の相関関係が確認されている[1]〕。

これらの現象の原因が、たとえＲＮＡの変化などによって細胞質側にあるのだと説明しようとも、これらは定義上、まさにエピジェネティクスの分野に関することである。

（1）*Nature Communications* volume 5, Article number: 5592 (2014)

90 親由来のゲノム刷り込み

母親由来あるいは父親由来のゲノムであるかによって、一部の遺伝子の発現がエピジェネティックに変化することを親由来のゲノム刷り込み（またはゲノム・インプリンティング）という。父親から遺伝する遺伝子が不活性化される場合、その遺伝子は父親のゲノムからの刷り込みの対象であり、母親から遺伝する遺伝子が不活性化される場合は、その遺伝子は母親のゲノムからの刷り込みの対象だ。

したがって、ゲノム刷り込みの結果、（父親由来あるいは母親由来の）たった一つのアレルしか発現しないため、遺伝子の機能としてはヘミ接合体（片方のアレルの一コピーしかない状態）と同等となるのだ。

ゲノム刷り込みは哺乳類特有の現象であり、父親と母親から相補的な二つのゲノムを受け継ぐことに基づいている。広い意味では、異性の生殖細胞系列に入った後に、「挙動」の変化する遺伝子、染色体領域、形質や病気を意味する。狭い意味では、ある遺伝子の二つのアレルのうちの一つが抑制されているため、その遺伝子が単一アレル性の発現を示すことを意味する。

ゲノム刷り込みの発端となるゲノムの変化によって、父親由来のゲノムと母親由来のゲノムは区別されるはずだ。さらに、この変化はエピジェネティックなものであって、ＤＮＡの塩基配列そのものが変化するのではない。

このようなゲノム刷り込みの特性は、以下のようなメカニズムによって説明できる。すなわち、どちらの親から受け継いだ遺伝子が発現するのかは早くも受精卵の段階から刷り込まれている。その一方で、初期の発生過程で生殖系列に入った細胞では、新たな刷り込みが起こり、両親由来のゲノム刷り込みはリセットされるのだ。

今日に至るまで、ヒトにはゲノム刷り込みを受ける遺伝子が二〇個ほど見つかっている。そのような遺伝子は一〇〇個から二〇〇個ほど存在すると考えられている。遺伝子配置図を見ると、それらの多くの遺伝子はまとまって存在しているため、ゲノム刷り込みを受けるゲノム領域があり、それらの領域ではクロマチンの二次あるいは三次構造が重要な役割を担っていると考えられる。

この現象が進化においてどのような役割を担ったのかは、まだよくわからない。胎児のもつ、母体や胎盤への寛容性や、単為生殖における生物学的な境界線などを示唆しているのだろうか。いずれにせよ、ヒトと動物の数多くの臨床研究からは、ゲノム刷り込みの重要性がわかる。たとえば、哺乳類のクローン個体を作成することには限界があることが知られている〔クローン羊ドリーのように〕相補的である両親由来の二つのゲノムを利用しない、いわゆる体細胞クローンの場合〕。

他にも、わずかな染色体転座に起因する表現型や、ある種の片親性ダイソミー〔片親由来の二つの染色体をもつ個体や胚〕による表現型が知られている。これらでは、親から染色体を受け継ぐ段階に発生する異常の形式に応じて、胚致死、成長障害、奇形、あるいは異なる臨床像に至る。たとえば、父親由来の二組の染色体を含むことによる胞状奇胎や、母親由来の二組の染色体を含む〔未受精卵が単為発生することによる〕卵巣奇形腫などがある。

91 行動遺伝学――「DNAを見せてごらん。君が何者だかを言い当ててやるよ」

遺伝的な特徴と行動を結びつけて考える行動遺伝学では、多くの物事が研究対象である。暴力的、消極的、攻撃的、従順、母性的、心配性、無精、躁鬱気質、落ち着きがない……。これらは、われわれの気質や気性など、ヒトの性格の特徴を表すために日常的に使われる表現型である。

そうは言っても、行動遺伝学の研究には、驚くような結果や見解の不一致が数多くある。たとえばカナダで行われた研究によると、一流のスノーボーダーには精神的ストレスの感受性に関連する遺伝子変異があるという。

他にも、「攻撃的な性格をつくり出す遺伝子」が特定されたという報告もあるが〔問題とする神経物質をコードする遺伝子は、当然ながらヒト全員がもつ〕、一般的なヒト集団にも見られる変異が存在しただけの話である。たしかに、暴力事件を起こした人々のほうが一般のヒト集団よりもこの変異をもつ頻度は高い。しかし一方で、この変異の持ち主自身も幼少期に暴力の犠牲者だったことを忘れてはならない〔幼少期の体験がなければ暴力的にならなかったかもしれない〕。逆に、暴力事件を起こした人々の多くはこの変異の持ち主ではなく、彼らは多数派でさえある。

もちろん、多様体〔変異体〕が行動面を含めて人間という存在に多大な影響をおよぼしているのは確かだが、人間をつくり上げているのは、当然ながら多様体だけではない。共通の表現型を対象にするのなら、なおさらである。それよりも環境要因を調べるほうが有益だろう。というのは、教育を施すなどの予防策を講じることができるからだ。

たとえば、依存症体質についても同様だ。麻薬などの薬物やアルコールに対する感受性や感応性は人によって異なるが、ヒトは多かれ少なかれ依存症体質をもつものだ。したがって、個人のゲノムよりも、問題の本質である環境を注視すべきだろう。

すなわち、依存症体質の遺伝マーカーの有無によって、個人を断罪するようなことはすべきではないのだ。そうではなく、依存症体質を理解してこれと戦う、つまり、新薬によって治療するためにこそ、遺伝マーカーなどの知識を使うべきなのだ。

92　個別化ゲノム医療

ジャン・ドーセは、「遺伝学によって病気に対する感受性を知ることができるようになるので、われわれは予防と治療に適した措置を講じることによって病気に罹らなくなる。これが二一世紀の医学、すなわち、予測医学だ」と記した。

このドーセの慧眼こそが個別化ゲノム医療の定義を表している。健常な人の医学的なリスクを、その人がもつ遺伝的変異の種類によって計測するのが個別化ゲノム医療である。

だが、個別化ゲノム医療はまだ実用段階ではない。多くの疑問が生じているのだ。第一に、科学的信頼性や予防効果のある治療手段に関する疑問、そして個人のゲノムに秘められたきわめて私的な情報を誰に提示するのかという運用形式に関する疑問がある。

にもかかわらず、個人のゲノムに関する情報サービスは、民間企業がすでに提供している。利用者は採取した自身の、そしてなんと自分の子供や近親者のＤＮＡを、遺伝子検査サービスを商売にする外国の研究所に郵送するのだ。DNAの塩基配列を読み取る費用が急落したこともあって、世界の遺伝子検査市場は過熱気味であり、こうしたサービスの市場規模は、二〇一八年にはおよそ三三億ドルに達した。

個別化ゲノム医療の分野には心配すべきことがたくさんある。商業的な遺伝子検査サービスが娯楽の一環だったり、バンドワゴン効果〔消費者が時流に乗り遅れたくないという動機からモノやサービスを購入する現象〕を引き起こしたりする以外にも重要なことが見逃されているからだ[▼39]。ジャン・ベルナール〔フランスの血液学の権威〕の箴言である「倫理のおもな悪い癖は、無知、教義、魔術である」は、個別化ゲノム医療が商業化している現状を見事に言い当てている。

たとえば、個人の運命が一般的な遺伝子検査からわかる一連のゲノム変異によって判明するのなら、われわれはDNAという牢獄に幽閉された状態で暮らしていることになる。そうなれば教育、生活環境、文化など、人間らしさを確立する際にDNAよりもはるかに大切なものを見失ってしまうだろう。そのような生活態度は、あらゆる人間的な価値観を無視している。

93 スクリーニング

個人や家族に病気の徴候のない一般の集団に属する個人を対象者にする「スクリーニング」による検査〔遺伝子検査に限らず〕を実施すれば、病気に罹るリスクの高い人物を選別できる。

今日、フランスで行われている唯一のスクリーニングは、五種類〔または六種類〕の遺伝病を対象にする新生児マススクリーニングである。スクリーニングによって早期にわかる知識を用いれば、病気が発症する前に予防的に治療できる［▼71］。フランスでは三五年以上前からすべての新生児を対象に、新生児マススクリーニングが実施されている。これはスクリーニングの成功例で、生後二、三日後の新生児の踵からほんの少し採血するだけで実施できる。

遺伝子検査に関するスクリーニングとしてこれ以外に実施が検討されているものには、家族に病歴のない無症状の人物を対象にするヘテロ接合体の状態を調べるスクリーニングがある（このヘテロ接合体のスクリーニングは複数の検査からなる）。

この種の検査で対象になるのは、常染色体潜性の遺伝病、さらには女性についてはX染色体に関連する病気である。後者の病気では、保因者かどうかがわかる〔保因者スクリーニングとも呼ばれる〕。

こうした検査の目的は、個人がこれらの病気に罹った子供をもつリスクを許容するかを決めるためであり、またリスクを回避する対応策を提案するためである（例：夫婦やカップルが同じ潜性遺伝性疾患の原因遺伝子をもつかどうかを妊娠前にスクリーニングすることがある）。このような個別検査の目的は、生まれてくる子供が病気に罹る確率を推定することであり、それは子供をもつ計画のあるカップルの組み合わせにおいてだけ意味をもつ。

現在までに、ヘテロ接合体のスクリーニングに適していると考えられているのは、若くして発症する重篤な病気であり、そうした病気に対する遺伝学的に的確なアドバイス、さらには出生前診断が可能であって、対象者がリスクの高いヒト集団に属しているような状況である（例：地中海周辺部やアフリカで暮らす集団における異常ヘモグロビン症)。

これまでに検査の対象になった病気や、対象になりうる病気を列挙すると次の通りだ。嚢胞性線維症、サラセミア(地中海性貧血)、異常ヘモグロビン症、鎌状赤血球症、ゴーシェ病、テイ＝サックス病、小児性の脊髄性筋萎縮症などである。

したがって、一般的な集団におけるヘテロ接合体のスクリーニングの実施は、社会的な緊張をもたらす。というのは、この種の検査では(健康な)個人の遺伝情報は不変であるのに対して、検査対象となる集団の選択にバイアスがかかる恐れがあるからだ。

たとえば、特定のヒト集団に頻繁に見られるような変異を対象にする場合、個人は医学的な徴候がまったくみられない集団から抜き出されることもあれば、逆に、民族的、地理的な条件に従って選別される場合もあり、バイアスのかけ方次第では結果が変わる可能性があるのだ〔これらの点に配慮しつつ、スクリーニングの実施やスクリーニング後のカウンセリングを組んでいく必要がある〕。

94 DNA型鑑定

DNA型鑑定は、ゲノムDNAの研究によって明らかになったアレルの組み合わせに基づいて行われる。きわめて多様な多型をもつ複数の遺伝子座(座位)を同時に解析するのである。

この手法により、人物の特定、あるいは血縁関係の証明のために各人(あるいは細胞ごと)の遺伝子型の特徴が把握できる。よって、DNA型鑑定は、遺伝学に基づく身分証明書のようなものとみなされたのである（「ＤＮＡ指紋」）。

個人の生物学的な特定は、それまでは血液型やヒト白血球抗原（ＨＬＡ）型によって行われてきたが、これらのマーカーのもつ情報は限られているため、人物の特定、つまり、起訴に利用するのには不向きだった。なぜなら、血縁関係のない二人の人物の間で型が偶然に一致する確率を無視できないからであり、さらには、犯行現場から分析に必要な生物学的資料を見つけ出すことが、困難または不可能だからだ。

これに対し、ゲノムの超可変領域（アレルの数がなんと五〇個以上のときもある）に相当するＤＮＡの塩基配列が繰り返すような遺伝子多型〔ミニサテライト〕はとくに情報量に富み、これらはポリメラーゼ連鎖反応（ＰＣＲ）という手法を用いれば簡単に検出できる。

分析資料が劣化あるいは微量であっても問題ない（髪の毛一本からでも検出できる）。たとえば、ＭＬＰ法〔複数のミニサテライトを同時に検出する方法〕を二、三回繰り返し行うだけで、個人を特定でき、父子関係親子関係の問題をほぼ間違いなく解決できる。一卵性双生児と二卵性双生児を区別したり、父子関係を検証したりできるのだ。

法医学に関するあらゆる行為は、法律に基づき、司法当局の要請により、承認された研究所が人物の遺伝的な形質を調査するために行われる。

犯罪捜査では、ＤＮＡ型鑑定は識別（冤罪の証明）のための決定的な証拠になることがある。ＤＮＡは告発するよりも冤罪を晴らすことのほうが多いが、容疑者のＤＮＡと犯行現場から見つかるＤＮ

Aの痕跡を照合して起訴することも理論的には可能である。当然ながら、DNA型鑑定の信頼性がきわめて高いと言っても、それは数ある証拠のうちの一つにすぎない。

DNA型鑑定には、歴史論争を解決し、さらには詐欺行為を暴いたという逸話がある。フランスのルイ一七世は、一七九五年にタンプル塔〔現在のパリ三区にあった修道院〕に幽閉されて死んだことになっているが、時計職人ナウンドルフ（一八四五年にオランダの古都デルフトで死去）は、自分こそがルイ一七世だと主張した。後日、ナウンドルフの主張はDNA型鑑定によって退けられた（「ルイ一七世事件」）。

さらには、エカテリンブルク〔ロシアの中央部に位置する大都市〕の墓地に家族とともに埋葬されたアナスタシア・ロマノヴナ〔モスクワ大公イヴァン四世の最初の妃〕の遺体が別人のものだったことが、後日、DNA型鑑定によって明らかになった（「ロマノフ事件」）。

95 遺伝子工学

遺伝学のエンジニアリングという意味で用いられる遺伝子工学という言葉は、一九八〇年代に黄金時代を迎えた後、今日では少し古臭い響きをもつようになった。

遺伝子工学は、DNA〔デオキシリボ核酸〕とRNA〔リボ核酸〕などの核酸の性質に関する知識に基づくあらゆる手法を意味する。たとえば、DNAからのRNAの合成、天然のタンパク質や新規タンパク質を試験管内で合成する際の遺伝暗号の利用、そして合成されたタンパク質の工業的、さらには薬理学的な製造などである。

一貫した遺伝子情報プログラムに基づき、DNAのある細胞核からメッセンジャーRNAが細胞質に移動してタンパク質に翻訳される。この「DNA－RNA－タンパク質」という製造過程〔セントラルドグマと呼ばれる〕ですべてうまくいくと考えられてきたのである。

ところが、アメリカの若手研究者であるハワード・マーティン・テミンとデビッド・ボルティモアは、RNAからDNAを合成する酵素を発見した。つまり、これはDNAを鋳型にしてRNAを合成するという、RNAポリメラーゼが行うのと逆向きの反応を触媒する酵素である〔この逆転写酵素の発見により、二人は一九七五年にノーベル生理学・医学賞を受賞した〕。したがって、セントラルドグマは一部書き換えられたのである。

こうして一九七〇年代には、DNAを観察するだけでなく修正するための生化学の道具一式が揃ったのである。たとえば、塩基配列の特定の位置でDNAを切断する制限酵素や、DNA断片をつなぎ合わせるDNAリガーゼ〔この働きを利用し、ある組織に別の生物種に由来する遺伝子を挿入するなど、DNAの組換えに応用される〕である。

急速に増殖するバクテリアやある種のウィルスも、あらかじめ選択された遺伝子やその遺伝子がコードするタンパク質を大量に製造するための小さな生物工場として利用されるようになった。

当初、こうした遺伝子操作には大きな期待が寄せられたが、その後、大いに懸念されるようにもなった。そうした状況を踏まえ、アシロマ会議終了後の一九七五年二月に、アメリカにおいてモラトリアム（猶予期間）が設けられた。遺伝子操作の研究を続行するにあたっては、遺伝子工学に関するあらゆる技術を用いる際に細心の注意を払うという条件が課せられたのである。

今日では、エマニュエル・シャルパンティエとジェニファー・ダウドナがバクテリアにおいて発見したゲノム編集システム「ＣＲＩＳＰＲ－Ｃａｓ９」によって生体内でＤＮＡをピンポイントで修正できるようになった。すなわち、これは遺伝子領域であろうがなかろうがＤＮＡの塩基配列に変異を引き起こす本格的な分子メスともいえる技術である。

ＤＮＡの塩基配列の役割を理解するための分子メスの実験的な利用は、動物モデルにおいて遺伝子ノックアウトの影響を観察する場合ではほとんど問題はないが、これをヒトに応用する場合、とくにヒトの生殖細胞系統に用いるのはきわめて危険である。アシロマ会議を再度開催しなければならないのではないか。

96　遺伝子特許

特許とは、新たな発明や産業上の利用可能性のあるものに対する知的所有権である。発明の実施に対して独占的な権利をもつ発明者は、自身で発明を実施したり、自己の製品を自分が定める価格で販売したりするなど、特許権を自ら利用できるとともに、一人ないし複数の事業者にライセンスを供与して自身の発明の実施および拡散を委託することもできる。

また、発明者は、発明を独占する独占権をもつ。特許権は、発明が社会に浸透するように促しながらも発明者を保護し、人間の創意工夫に報いながらイノベーションを刺激する。古代からの制度である特許権は、とくに一九世紀の産業革命とともに発展した。

　特許制度が適用されるおもな分野は製薬産業である。製薬業界の特許により、まず、植物相など自然界に存在する有効成分の抽出や精製が保護された（一八九九年のバイエル社の特許：アセチルサリチル酸の合成〔「アスピリン」として商標登録〕）。次に、有効成分そのものが保護された（二〇〇三年のノバルティスファーマ社の特許：イマチニブ〔抗がん剤〕の合成）。特許の対象は、技法から製品へと密かに移行したのである。

　一九九〇年代以降、何の前触れもなく遺伝子に対する特許が登場した。特定の病気の遺伝子を識別した研究者や彼らの属する研究機関（ほとんどの場合が学術系の機関）は、報酬を得るようになった。報酬によって研究の続行が促進されたのである。

　ユタ大学とミリアド・ジェネティクス社がBRCA1遺伝子とBRCA2遺伝子について取得した特許は、物議を醸した。これらの遺伝子の病的な変異は、乳がんや卵巣がんの発症リスクを高める。ミリアド・ジェネティクス社は、BRCA1遺伝子とBRCA2遺伝子に関する精度の低い検査を、法外な価格で独占的に実施する権利を要求した。特許を取得したこの会社が多くのライセンスを供与したのなら、反対する国は存在しなかっただろう。だが、クロード・ユリエ〔フランスの医師、政治家〕が糾弾したこの会社の「権利乱用」は、欧州特許庁（EPO）とアメリカの最高裁判所の判決に従い、最終的には特許無効に至った。

欧州特許庁がＢＲＣＡ１遺伝子とＢＲＣＡ２遺伝子に関する製品に対する特許を無効にした根拠は、遺伝子そのものでなく遺伝子が単離された過程についての論証に基づいていた（これら二つの遺伝子のみが対象）。

反対に、後にアメリカの最高裁がこの特許を無効にした根拠は、遺伝子そのものに基づく論証だった。すなわち、遺伝子は自然の産物であり、特許の対象にはならないと宣告したのである。遺伝子検査がパネル分析に基づき、その対象が非常に多くの遺伝子、すべての遺伝子、さらにはゲノム全体へと広がっている時代だ。このようなときに多数の遺伝子が特許の対象になれば、医学研究の発展に著しい障害が生じるだろう。

97 法律、保険、遺伝学

一九四五年に全国抵抗評議会〔フランスのレジスタンス組織〕は、「各人の能力に応じて支払い、各人の必要に応じて治療を受けることができる」という連帯の精神を中核に据える社会保障を設立した。予測医学によって特定の病気に罹るリスクの高い人物を識別できるようになれば、この原則は見直されることになるのか。

一九九四年、二〇〇四年、二〇一一年の生命倫理法では、遺伝子検査の運用方針が定められた。遺伝子検査の実施に関して生命倫理法に書き込まれた二つの大原則は次の通りだ。個人情報の保護と自由意思による同意、そして社会的な差別の禁止である。したがって、遺伝的なリスク要因が存在しても、各種健康保険が、無差別の原則、つまり、連帯の精神を踏みにじるようなことがあってはならないのだ。

融資を受けるために加入する民間の生命保険についてはどうだろうか。民間の保険の原則は、将来的に保障するリスクの大きさに応じて保険料を算定することだ。保険会社と被保険者との間では、リスク要因に関する知識が対称的かつ一致しなければならない。遺伝的なリスク要因に関しては、民間の保険会社が被保険者の遺伝子検査の結果を参照することは生命倫理法によって禁止されている。被保険者が民間の保険会社に遺伝子検査を受けると提案するような場合であっても（とくに、その結果が民間の保険会社にとって有利であっても）、民間の保険会社が遺伝子検査の結果を利用することはできない。

そうは言っても、保険会社はすでにいくつかの間接的な方法でリスク要因を参考にしている。たとえば、家族の病歴、定期健康診断の結果、保険加入申込者の主治医の見解などである。

したがって、民間の保険に加入しづらくなるという理由から、遺伝子検査や定期検診を受けるのをやめる人々が現れるという危険性が充分に考えられる。これは、彼らだけでなく保険者にとっても矛盾する行動である。われわれは、リスクのある人々を放置するのではなく、注意深く見守るべきなのだ。

98　倫理と遺伝学

一九七〇年代末、生殖補助医療（ART）、次に、遺伝医学の分野において急速な技術進歩があった。こうした進歩にともない、新たな医療行為のあり方と合法性について、これまでにない疑問がもち上がった。これらの疑問は、フランスの公衆衛生法典に照らし合わせても回答できなかった。こうした状況を受け、生命科学と公衆衛生に関する問題を扱うために、一九八三年には国家倫理諮問委員会（CCNE）が設立され、一九九四年、二〇〇四年、二〇一一年には、生命倫理法が制定された。

CCNEが一九八四年五月から二〇一六年一月にかけて陳述した一二四の意見のうちの二〇は、遺伝子検査の実施に付随する疑問についてだった。たとえば、人物を識別するためのDNA型鑑定、捜索のために実施する遺伝子検査、医学的な目的から大人に対して実施する遺伝子検査、そして着床前診断、出生前診断、新生児診断のために実施する遺伝子検査などに付随する疑問である。

提起される疑問の対象は、遺伝子検査によってわかる予測や臨床的有用性に関する情報、情報漏洩や遺伝子情報によって生じる社会的な差別のリスク、血縁関係（出自、血縁関係の匿名性や秘密）、そしてとくに優生学のリスクについてだった。

遺伝学者の観点から見た、（研究あるいは医療の枠組みで実施される）遺伝子検査を受けることを選択した人物に対する倫理的な責務や職業倫理は、次の通りだ。遺伝子検査の指示を誤ってはならない（正しい処方）、分析結果を誤って解釈してはならない（正しい解釈）、遺伝子検査の前後に正確な情報を提供する（正しい情報提供）。

99 優生学

優生学は一九世紀末にフランシス・ゴルトンが初めて用いた言葉であり、これは生殖の選択的な管理によってヒト集団を改善するという教義を意味する。たとえば、この教義では、望ましいと思われる形質をもつ人物が子供をつくることを奨励する一方で、望ましくないと思われる形質をもつ人物の生殖の権利を制限しようとする。

アレクシス・カレル〔フランスの解剖学者。一九一二年にノーベル生理学・医学賞を受賞〕とシャルル・ロベール・リシエ〔フランスの生理学者。一九一三年にノーベル生理学・医学賞を受賞〕は、アングロサクソンの文化に起源をもつこの教義をフランスに紹介した。彼らは、「強靭な肉体、美しい容姿、明敏な知性、驚きの記憶力、おおらかな精神、健康長寿をもたらす欠陥の少ない人種」(1)の選択を推奨したのである。

国家主導の優生学は、ナチズムの無分別な犯罪行為によって失落した。ナチズム以前において遺伝学と政治の相性がよかったことはほとんどなかった。たとえば、ソ連の有能な遺伝学者ニコライ・ヴァヴィロフは、ルイセンコ〔メンデル遺伝を排斥したソ連の農学者〕の完全に誤った学説に異議を唱えたため、スターリン派の共産主義者らによって投獄され、非業の死を遂げた。

すべての妊婦を対象に21トリソミー〔ダウン症候群〕の出生前スクリーニング検査を実施するなどの画一的な政策や、エコー断層撮影によって胎児に深刻な異常が確認される、あるいは治療不可な重篤な病気の原因になる遺伝子の異常が特定される以前の段階において医学的人工妊娠中絶の要請を受理することなどは、新たな優生学と言えるのかもしれない。優生学に基づく政策は、国民を対象に強制的に実施される。最新の遺伝学を取り入れた新たな優生学は、家族を対象に個別の事情に配慮しながら自由に実施されるようになるのだろうか。[2]

「妊婦の採血による胎児の遺伝子検査の開発をめぐる倫理問題」に関する生命科学と公衆衛生のための国家倫理諮問委員会（CCNE）の見解を紹介する（意見番号一二〇）。[3]「われわれは、出生前および着床前診断が、ともすると優生学へと逸脱するリスクがあるという危機感をもつ必要がある。こうした危機感があってこそ、遺伝病の研究が推進され、重篤な病気に罹った障碍者を支援する仕組みが発展するのだ」。

（1）C. Richet, *La Sélection humaine*, Paris, Félix Alcan, 1913.
（2）J. Gayon et D. Jacobi (dir.), *L'Éternel Retour de l'eugénisme*, Paris, Puf, 2006.
（3）次で閲覧可能。https://www.ccne-ethique.fr/sites/default/files/publications/avis-120.pdf.

100 複雑性

今日のゲノム研究には「新たな石油」とも評せられる熱狂が渦巻いている。そうしたゲノム研究からは、大いなる希望だけでなく、とんでもない誤解が生じている。

インターネット上では、数百ドルの価格で唾液の遺伝子検査を行うサービスが繁盛している。これらのサービスがまがいものであることは指摘するまでもないだろう。

これらのサービスからは危険が生じることさえあるが、ほとんどの場合、（間違いでなければ）何の役にも立たない。もっと深刻な問題として、産業界では遺伝子分析事業を独占しようとする動きがある。

さらには、プロの倫理学者が突如として登場することがある。彼らは生命と現実という観点から見て、まったく的外れな自説を居丈高に説くのだ。

最も恐るべき影響の一つは、物事を極端に単純化する傾向である。たとえば、一つの変異を特定のリスクと結びつけることによって、処方箋をつくり、食事制限を課し、さらには保険の内容を見直すという短絡的な発想である。すなわち、個別化された遺伝医学という神話だ。

以前にも増して魅力的なデータが続々と登場しており、大量のゲノム情報を読み取る技術のほか、生体組織中のあらゆるRNA（トランスクリプトーム）やタンパク質（プロテオーム）を包括的に解析する、いわゆる「オミクス（omics）」研究が躍進している。しかしながら、少なくとも今日まで、これらは個人にほとんど効用をもたらしていない。

われわれは遺伝的変異の意味、つまり、その影響を本当にわかっているのだろうか。遺伝的変異はたった一つなのか、あるいは他の変異と相互作用するのか。何事も単純ではなく、科学は常にわれわれを唖然とさせてきた。

いずれにせよ科学は、予言する前に警戒するようにとわれわれを促す。(1) 実際の遺伝形式は複雑で、遺伝子だけでなく、環境、体質、感受性などの要因の組み合わせだ。これに取り組むことは、科学的に困難だが避けて通れない道のりである。そのためにも、データ、情報、知識、そしてそれらを結集させて得られる叡智をそれぞれ混同しないことが重要なのだ。

遺伝構造が複雑である背後には、ヒトゲノムから導き出せる一つの教訓が見出せるのではないか。すなわち、ヒトゲノムによって、人類全員は識別できると同時に近しい存在であり、われわれはおのずと個性的な存在でいられるという教訓だ。逆にいえば、このようなゲノムには、われわれが自由に決められるような「あそび」が残されているはずだ。人間にとって、この決められていない部分のほうが重要なのではないか。というのは、本質的にそうした「あそび」の部分においてこそ、われわれは努力するという希望を抱くことができるからだ。

すなわち、遺伝学の枠外の領域を明確にすることこそが現代の遺伝学の人間的な領域の一つなのだ。

（1）A. Munnich, *Programmé mais libre*, Paris, Plon, 2016.

謝辞

アドバイスやコメントをくれた、ジャンヌ・アミエール教授、カテリーヌ・ブラン医師、フランソワーズ・クレルジュ＝ダルプー医師、そしてムリエル・フリ＝トレーヴ医師に篤く感謝する。

訳者あとがき

本書は Dominique Stoppa-Lyonnet et Stanislas Lyonnet, *Les 100 mots de la génétique* (Coll. « Que sais-je? » n° 4054, PUF / Humensis, Paris, 2017 の全訳である。

著者のドミニク・ストッパ＝リヨネとスタニスラス・リヨネのご夫妻は、臨床医であると同時に遺伝学者である。妻のドミニクは研究の傍ら、乳がんの遺伝子検査が企業の独占状態にあることを糾弾したり、遺伝子そのものが特許になることに反対意見を表明したりするなど（▼96）、政治的な活動も活発に行っている。また、夫のスタニスラスは医学遺伝学が専門分野であり、遺伝性の希少疾患や、その原因遺伝子とがんとの関係など、さまざまな研究プロジェクトを牽引している。著者らは本書において、こうした長年の研究や多彩な活動を背景に、ときにユニークな視点から遺伝学にまつわる話題を展開している。

遺伝学は大躍進を遂げている。ヒトを含む生物に対する理解は格段に進歩し、医療の現場では遺伝病の解明が進んだ。糖尿病の治療薬であるインスリン製剤やがんに関する抗体医療も遺伝学の発展の賜物である。

その一方で、本書が指摘するように、巷には「根拠なき熱狂」が渦巻き、遺伝学に「奇妙な重圧」がのしかかっているのも事実だ（▼49）。なぜそうなってしまったのか。そしてこの重圧をおしのけるべく、遺伝学はどのように発展すべきなのか。

本書はこのような事態への対抗策として、遺伝学によって明らかにされてきた内容を正しく理解し、現状を把握した上で、今後の人間社会のあるべき姿とそこへ至る道筋を考えることが重要だと説く。だからこそ、本書は遺伝学の知識だけでなく、医療現場での遺伝情報の利用状況、そして法律に掲げられた理想や原則についても触れているのだ。本書には、遺伝学を社会に応用する際に生じうる、さまざまな問題に取り組むためのヒントが散りばめられている。

遺伝学のもたらした恩恵とカオス

社会が遺伝学に熱狂するようになった背景には、急速に発展する遺伝学が情報技術・統計学・医学と融合するまでの華々しい過程があるのではないだろうか。その過程をざっと振り返ってみよう。

始まりは、メンデルがエンドウマメを用いて、遺伝様式には法則性があることを発見したことだ。その成果は長らく人目につかないままだったが、後世の研究者らがこれを独自に「再発見」し、近代遺伝学の基礎を築いた。次に、ワトソンとクリックが中心となって、遺伝子の正体がＤＮＡであることを発見し、遺伝暗号が読み取られた。そしてモーガンは、ショウジョウバエの変異体を駆使して遺伝子地図を作成することによって、無秩序につらなるＤＮＡ塩基配列における遺伝子同士の相対的な位置関係を突き止めた。二〇〇三年にヒトゲノム計画が完了した後も、シークエンシング技術は進歩し続け、一塩基レベルの違いやコピー数のわずかな差も短時間で把握できるようになった。

発見につぐ発見。ほとんど例外のないシンプルな法則。いまや、あらゆる生命現象は遺伝子やその産物によって説明できると考えられるようになった。遺伝学の発展にかかわった多くの科学者がノーベル賞を受賞したことからも、遺伝学がいかに社会に大きなインパクトを与えてきたかがうかがえるだろう。

さて、われわれはこの遺伝学の叡智をどう活かすべきなのか。たとえば、人類の大きな課題の一つである、病気克服への最終的な手立てとなるのだろうか。

長年一部の人々を悲しませてきた血友病やヘモグロビン病などについて、遺伝学は厳密な理論に基づく予防的な解決策を提示した。また、遺伝学の研究により、糖尿病やがんの治療にも画期的な手法が考案された。

しかしながら、個人が将来罹る可能性の高い病気の予測については、社会の期待に反し、シンプルな法則では説明できないことがわかってきた。

がんや糖尿病などの多因子性疾患の原因遺伝子をひとつひとつ洗いざらい見つけ出すという作業に莫大な資金が投じられた結果、実際に原因遺伝子に関する膨大なリストが完成した。ところが、それらのパーツをすべて足し合わせても発症リスク（遺伝率）を完全に説明することはできなかった。どうやら、こうしたよくある病気の発症メカニズムは予想以上に複雑で、これまでの要素還元主義的な考えでは太刀打ちできない公算が大きい。

「正しく知る」ことの重要性

このような社会的な状況において、本書はヒト遺伝子の情報が現在の医療現場でどのような理想や配慮とともに運用されているのかという、他のメディアでは正確に伝えられていない情報を提供する貴重な資料でもある。患者家族に対するカウンセリングの章をはじめ、本書はわれわれが遺伝情報に接する際の注意点を丁寧に述べている。

また、著者らは民間企業による「占いまがい」の遺伝子検査にも警鐘を鳴らしている。検査結果が被験者の誤解を招くだけでなく、さらなる熱狂や過剰な不安を煽ることになりかねないからだ。もちろん、ただちに病気の発症につながる恐れのある「危険な」遺伝子変異は数多く判明している。だが一方で、そのような危険因子をもちながら発症しない人々がいることも明らかになっている。このような複雑性を踏まえると、遺伝子検査が示すリスク数値は重要な情報には違いないが、そうした情報を「知ってしまった」ことで必要以上の不安に囚われるなど、「知る」ことが人々の暮らしに与える影響も配慮する必要がある。

さらに、本書では研究成果を正しく理解することの重要性を強調している。もちろん、科学者にとって、研究成果を正しく理解することは研究を行う上で必要不可欠な作業だ。しかし遺伝学がこれだけ身近になってきた以上、社会全体にとっても、それは今後きわめて重要な情報リテラシーの一つになるだろう。

何がデータで、何がそのデータから示唆される情報なのか。その情報から、どのような解釈ができるのか。そこからどのような知識や教訓が得られるのか。「うつ病の原因遺伝子がわかった」と騒ぎ立てるのではなく、実際には何が明らかになったのか（▼9）。

これらの情報を整理して正しく理解すれば、熱狂の渦に巻き込まれたり、不必要に翻弄されたりすることはなくなるだろう。

遺伝学が「すべて」ではない

訳者は大学院で生物学を学び、博士号を取得した。在学当時与えられた研究テーマは、ある遺伝子のノックアウトマウスの解析、ようするに遺伝学の研究そのものだ。

たった一つの遺伝子が欠損するだけでマウスが出生時に死亡してしまうことを見出した訳者は、在学中ひたすら原因を探り続けた。その結果、神経が発生する過程のなかでも歴史的に見過ごされつつあった領域を多少ながら開拓することができた。この研究成果は（多くの方々の協力を得て）訳者の愛読する学術雑誌に掲載された。

その翌年、別の研究グループがこの遺伝子の変異が原因で生じる麻痺性斜視の家系の例を報告した。この病気の症状とノックアウトマウス（▼45）の表現型との間には驚くほど高い類似性があったのである。当時の訳者は、「すべては遺伝学によって説明できる」と確信した。

しかしそれは、訳者が例外的に幸運で、たまたま遺伝学の真髄を経験できたからにすぎない。なぜなら、一般的な生物系の研究において、大きな誤差はつきものだからだ（訳者はアメリカへ留学して研究テーマを変えたときに、この現実を思い知らされた）。ゲノム上ではほとんど個体差がないとされるモデル生物

（マウス、キイロショウジョウバエ、線虫など）ですら、一匹一匹のデータを細かく見れば、わずかながらも「個性」ともいうべき多様性を認めることができる。まして、私たちヒトについてはいうまでもない。そうした細かな多様性に目を凝らそうとすればするほど、ますますその複雑性が増し、手に負えなくなる。これもまた、本書のいう（現代）遺伝学の枠外に位置する領域なのだろう。

本書の最終項目「複雑性」（▼100）では、著者らは遺伝学から明らかになる個人の特性を踏まえた上で視点を変えれば、逆にわれわれが自由に決められる「あそび」の領域を活用できるようになると説く。こうした領域においてこそ、われわれは「努力」することに生きる希望を見出せる。

そもそも人間という存在は、すべてを遺伝子に指図されて生きているのではなく、日々体験する記憶の内容など、ゲノムの設計図には書かれていないものを蓄えながら暮らしているのだ。そうした「非遺伝学的な」要素が、われわれを知的に豊かで個性的な存在にしていることは指摘するまでもないだろう。

著者らは本書において、医療の現場と遺伝学の領域を行き来する彼らならではの視点から、遺伝学を包括的に、そして自由闊達に論じている。本書の内容はときにきわめて現実的だ。ともすれば自己批判につながりかねない、普通の研究者ならあえて言わないようなことが包み隠さずに語られている。しかし同時に、そうした赤裸々な語り口からは、著者らの人類愛と希望を見出すことができる。遺伝学を紹介する教科書的な媒体としては先鋭的であり、これこそが本書の魅力だ。

遺伝学に興味をもつようになった読者にとって、本書が科学的な知識だけでなく遺伝学の「現状」と「未来」を読み解くための素養の一助になるのなら、訳者としてこれ以上の喜びはない。

本書の出版にあたっては多くの方々にお世話になった。

本書の編集を担当してくれた白水社編集部の小川弓枝氏には大変お世話になった。翻訳の完成が予定よりも遅れてしまい、ご心配をおかけした。また、訳稿を読んで科学的な観点からチェックしてくれた、私の妻であり生物学者の野々村恵子に感謝申し上げる。われわれ夫婦も原著者夫妻と同様に生物学を専攻し、大学時代から切磋琢磨しながらともに同じ道を歩んできた。

生物学者、翻訳家、サイエンスライターと多彩な顔をもつ坪子理美氏からも、専門家と市民をつなぐ立場から、とくに文章をわかりやすくするための貴重なアドバイスをいただいた。

そして、二年にわたる本書の翻訳作業の間、終始アドバイスをくれた翻訳家・林昌宏氏に御礼申し上げる。最初の読者として訳稿に逐一目を通し、毎日のように厳しくも温かいコメントをいただいた氏のご協力なくして、本書の翻訳を完成させることはできなかった。

もちろん、誤訳や訳注の内容に誤りがあるとすれば、それらはすべて私の責任である。

二〇一九年八月

田中智弘

人名索引

用語索引

か行

さ行

た行

な行

は行

ま行

や行

ら行

わ行

訳者略歴
田中智弘（たなか・ともひろ）
1985年、スイス・チューリッヒ生まれ。暁星高校卒。東京大学薬学系研究科博士課程を修了後、カンザス大医学部、スクリプス研究所を経て、現在、自然科学研究機構・新分野創成センター特任助教。

文庫クセジュ　Q 1034
100語でわかる遺伝学

2020年2月 1 日　印刷
2020年2月20日　発行

著　者　ドミニク・ストッパ=リヨネ
　　　　スタニスラス・リヨネ
訳　者 ©　田中智弘
発行者　及川直志
印刷・製本　株式会社平河工業社
発行所　株式会社白水社
東京都千代田区神田小川町 3 の 24
電話　営業部　03（3291）7811 / 編集部　03（3291）7821
振替　00190-5-33228
郵便番号　101-0052
www.hakusuisha.co.jp

乱丁・落丁本は，送料小社負担にてお取り替えいたします．
ISBN978-4-560-51034-6
Printed in Japan

文庫クセジュ

自然科学

60 死
110 微生物
165 色彩の秘密
280 生命のリズム
424 心の健康
609 人類生態学
694 外科学の歴史
701 睡眠と夢
761 薬学の歴史
770 海の汚染
794 脳はこころである
795 インフルエンザとは何か
799 放射線医学から画像医学へ
803 エイズ研究の歴史
830 宇宙生物学への招待
844 時間生物学とは何か
869 ロボットの新世紀
878 合成ドラッグ
884 プリオン病とは何か
895 看護職とは何か
912 精神医学の歴史
950 100語でわかるエネルギー
963 バイオバンク
1012 隕石
1013 うつ病
1016 科学の本質と多様性
1024 双極性障害